中等职业教育课程改革国家规划新教材

计算机应用基础习题集

（Windows 7+Office 2010）

（第2版）

主　编　傅连仲
副主编　李国平　于筱荔　丁　莉

電子工業出版社
Publishing House of Electronics Industry
北京·BEIJING

内 容 简 介

本书根据教育部制定的《中等职业学校计算机应用基础教学大纲》（2009 年版）的要求而编写。编者针对中等职业教育的培养目标，结合《计算机应用基础》系列教程的教学要求，本着以对学生进行综合职业技能的训练与指导为原则编写而成。

本书对应《计算机应用基础》系列教程，共分为基础模块与职业模块两部分。全书分为单选题、多选题、判断题、上机操作题 4 种题型。

本书作为国家规划的中等职业学校计算机应用基础课程教材的配套习题集，也可以作为非计算机专业学生参加计算机应用能力等级考试的学习和考前训练的教材。

图书在版编目（CIP）数据

计算机应用基础习题集：Windows 7+Office 2010 / 傅连仲主编. —2 版. —北京：电子工业出版社，2014.9 (2025.10 重印
中等职业教育课程改革国家规划新教材

ISBN 978-7-121-23573-3

Ⅰ. ①计… Ⅱ. ①傅… Ⅲ. ①Windows 操作系统—中等专业学校—习题集②办公自动化—应用软件—中等专业学校—习题集 Ⅳ. ①TP316.7-44②TP317.1-44

中国版本图书馆 CIP 数据核字（2014）第 132152 号

策划编辑：施玉新
责任编辑：郝黎明
印　　刷：三河市鑫金马印装有限公司
装　　订：三河市鑫金马印装有限公司
出版发行：电子工业出版社
　　　　　北京市海淀区万寿路 173 信箱　邮编　100036
开　　本：787×1 092　1/16　印张：6.25　字数：160 千字
版　　次：2014 年 9 月第 1 版
印　　次：2025 年 10 月第 57 次印刷
定　　价：20.00 元

凡所购买电子工业出版社图书有缺损问题，请向购买书店调换。若书店售缺，请与本社发行部联系，联系及邮购电话：（010）88254888，88258888。

质量投诉请发邮件至 zlts@phei.com.cn，盗版侵权举报请发邮件至 dbqq@phei.com.cn。

本书咨询联系方式：（010）88254489，youl@phei.com.cn。

前　　言

在科学技术日新月异的今天，计算机技术成为当今世界发展最快、应用最广泛的科学领域，计算机技术的应用已渗透到人们工作、生活的方方面面，并发挥着越来越重要的作用，计算机知识的掌握和应用已经成为从事各种职业的人们不可或缺的基本知识和能力，操作、使用计算机已经成为社会各行各业劳动者必备的工作技能。

为了使学生掌握必备的计算机应用基础知识和基本技能，培养学生使用计算机解决工作与生活中实际问题的能力；使学生初步具有应用计算机的能力，为其职业生涯发展和终身学习奠定基础，根据教育部制定的《中等职业学校计算机应用基础教学大纲》（2009 年版）的要求，我们组织教师编写了《计算机应用基础》基础模块与职业模块两本教程，为了便于读者的学习及参加相关考试，又编写了《计算机应用基础习题集》一书。

职业学校教师在进行课程教学的过程中，更加注重训练学生实际动手操作完成具体工作任务的能力。本书旨在使学生能够在学习过程中检验自身的学习成果，在较短时间内提高自身利用计算机解决实际问题的能力，并顺利通过计算机应用能力考试。全书分为基础模块与职业模块两部分，共有单选题、多选题、判断题和上机操作题等四种题型供学生使用。在第二部分的职业模块中，模块 1 文字录入训练没有习题，请大家在使用中注意。

本书由傅连仲担任主编，李国平、于筱荔、丁莉担任副主编，参与编写的其他人员有王崇国、崔青、张丹阳、李强、张靖瑶、李平、陈力。在此对在编写、出版和发行等工作中做出努力的有关同志表示感谢。

由于编写时间仓促，编者学识有限，书中难免存在疏漏与不足之处，欢迎专家、读者批评指正。

傅连仲

目　录

第一部分　基础模块

第二部分 职业模块

第一部分　基础模块

第 1 章　计算机基础知识

1.1　单选题

1．世界上第一台电子计算机诞生于（　　）年。
A．1946　　B．1956　　C．1940　　D．1950

2．以微处理器为核心组成的微型计算机属于（　　）计算机。
A．第一代　　B．第二代　　C．第三代　　D．第四代

3．个人计算机属于（　　）。
A．小巨型机　　B．小型计算机　　C．微型计算机　　D．中型计算机

4．第一代电子计算机采用的主要逻辑元件是（　　）。
A．大规模集成电路　　B．中、小规模集成电路
C．电子管　　D．晶体管

5．第二代电子计算机采用的主要逻辑元件是（　　）。
A．大规模集成电路　　B．晶体管
C．电子管　　D．中、小规模集成电路

6．目前计算机应用最广的领域是（　　）。
A．科学计算　　B．辅助教学　　C．信息处理　　D．过程控制

7．第三代电子计算机的主要逻辑元件采用（　　）。
A．晶体管　　B．中、小规模集成电路
C．大规模集成电路　　D．电子管

8．就工作原理而言，目前大多数计算机采用的是科学家（　　）提出的“存储程序和程序控制”原理。
A．艾仑·图灵　　B．冯·诺依曼　　C．乔治·布尔　　D．比尔·盖茨

9．通常所说的 PC 是指（　　）。
A．大型计算机　　B．小型计算机　　C．中型计算机　　D．微型计算机

10．计算机的发展方向是微型化、巨型化、智能化和（　　）。
A．模块化　　B．系列化　　C．网络化　　D．功能化

11．下列计算机应用中，不属于数据处理的是（　　）。
A．结构力学分析　　B．工资管理

C．图书检索　　D．人事档案管理

12．计算机之所以能按人们的意图自动地进行操作，主要是因为采用了（　　）。

A．汇编语言　　B．机器语言　　C．高级语言　　D．存储程序控制

13．微型化是指体积小、功能强、价格低、可靠性高、适用范围广的（　　）。

A．单片机　　B．小型计算机　　C．微型计算机　　D．多媒体计算机

14．CAD 是计算机主要应用领域之一，它的含义是（　　）。

A．计算机辅助教学　　B．计算机辅助测试

C．计算机辅助设计　　D．计算机辅助管理

15．用计算机进行资料检索工作属于计算机应用中的（　　）。

A．科学计算　　B．数据处理　　C．人工智能　　D．过程控制

16．CAD 和 CAM 是当今计算机的主要应用领域，其具体的含义是下列选项的（　　）。

A．计算机辅助设计和计算机辅助测试

B．计算机辅助教学和计算机辅助设计

C．计算机辅助设计和计算机辅助制造

D．计算机辅助制造和计算机辅助教学

17．计算机辅助测试的英文缩写是（　　）。

A．CAI　　B．CAT　　C．CAD　　D．CAM

18．CPU 的中文意义是（　　）。

A．控制器　　B．寄存器　　C．算术部件　　D．中央处理器

19．计算机硬件一般包括（　　）和外围设备。

A．运算器和控制器　　B．存储器和控制器

C．主机　　D．中央处理器

20．一个完整的计算机系统应分为（　　）。

A．主机和外设　　B．软件系统和硬件系统

C．运算器和控制器　　D．内存和外设

21．所谓“裸机”是指（　　）。

A．单片机　　B．微型计算机

C．不安装任何软件的计算机　　D．只安装操作系统的计算机

22．计算机通常是由（　　）等几部分组成的。

A．运算器、控制器、存储器、输入设备和输出设备

B．主板、CPU、硬盘、软盘和显示器

C．运算器、放大器、存储器、输入设备和输出设备

D．CPU、软盘驱动器、显示器和键盘

23．微型计算机的运算器、控制器及内存储器统称为（　　）。

A．CPU　　B．ALU　　C．主机　　D．外设

24．在组成计算机的主要部件中，负责对数据和信息加工的部件是（　　）。

A．运算器　　B．内存储器　　C．控制器　　D．磁盘

25．Windows 7 操作系统从软件归类上应属于（　　）。

A．操作系统　　B．应用软件
C．数据库管理系统　　D．文字处理软件

26．计算机的应用领域包括科学计算、数据处理、人工智能及（　　）等。
A．售票系统　　B．实时处理　　C．图书管理　　D．过程控制

27．计算机能够直接识别和执行的语言是（　　）。
A．汇编语言　　B．高级语言　　C．C 语言　　D．机器语言

28．操作系统是（　　）的接口。
A．用户与软件　　B．系统软件与应用软件
C．用户与硬件　　D．主机与外设

29．在下列语言中，计算机处理执行速度最快的是（　　）。
A．机器语言　　B．汇编语言　　C．C 语言　　D．高级语言

30．在计算机系统中，指挥、协调计算机工作的设备是（　　）。
A．输入设备　　B．控制器　　C．运算器　　D．输出设备

31．机器指令是用二进制代码表示的，它能被计算机（　　）。
A．编译后执行　　B．解释后执行　　C．直接执行　　D．存储后执行

32．人们针对某一需要而为计算机编制的指令序列称为（　　）。
A．软件　　B．程序　　C．命令　　D．文件系统

33．程序设计语言通常有（　　）等类型。
A．翻译语言和数据库语言　　B．机器语言、汇编语言和高级语言
C．汇编语言和解释语言　　D．高级语言和机器语言

34．编译程序和解释程序的区别是（　　）。
A．前者产生机器语言形式的目标程序，而后者不产生
B．后者产生机器语言形式的目标程序，而前者不产生
C．二者都不产生机器语言形式的目标程序
D．二者都产生机器语言形式的目标程序

35．高级语言程序需要经过（　　）变成机器语言程序才能被计算机执行。
A．诊断程序　　B．检测程序　　C．汇编程序　　D．翻译程序

36．C 语言是计算机的（　　）语言。
A．机器　　B．高级　　C．低级　　D．汇编

37．计算机内存比外存（　　）。
A．便宜但能存储更多的信息　　B．存储容量大
C．存取速度快　　D．贵但能存储更多的信息

38．在微型计算机中，如果电源突然中断，则存储在（　　）中的信息将丢失。
A．软盘　　B．RAM 内存　　C．ROM 内存　　D．硬盘

39．显示器的主要参数有刷新频率、灰度级、（　　）。
A．亮度　　B．大小　　C．颜色　　D．分辨率

40．存储器按所处位置的不同，可分为内存储器和（　　）。
A．只读存储器　　B．外存储器　　C．软盘存储器　　D．硬盘存储器

41．计算机向用户传递计算、处理结果的设备是（　　）。
A．输入设备　B．输出设备　C．存储设备　D．中断设备

42．用（　　）可将纸上的图片输入计算机中。
A．扫描仪　B．绘图仪　C．键盘　D．鼠标器

43．下列设备中，属于输入设备的是（　　）。
A．显示器　B．绘图仪　C．鼠标器　D．打印机

44．下列设备中，属于输出设备的是（　　）。
A．数码相机　B．鼠标器　C．扫描仪　D．绘图仪

45．内存条插在主板的（　　）上。
A．CPU　B．机箱　C．显示卡　D．内存条插槽

46．目前用于微型计算机系统的光盘有（　　）。
A．只读光盘　B．可改写光盘　C．一次写入光盘　D．以上都包括

47．显示器的重要技术指标是（　　）。
A．体积　B．型号　C．颜色　D．分辨率

48．主频是指微机（　　）的时钟频率。
A．主机　B．CPU　C．总线　D．内存

49．打印机是一种（　　）。
A．输出设备　B．输入设备　C．存储器　D．运算器

50．打印机的种类有点阵针式打印机、喷墨式打印机及（　　）。
A．喷射打印机　B．非击打式打印机
C．激光打印机　D．击打式打印机

51．显示器是一种（　　）。
A．存储　B．控制设备　C．输出设备　D．输入设备

52．在微型机中必不可少的输入 / 输出设备是（　　）。
A．键盘和显示器　B．键盘和鼠标器
C．键盘和打印机　D．显示器和打印机

53．市场上常见的鼠标有机电式和（　　）。
A．光式　B．点触式　C．触摸式　D．光电式

54．条形码读入器、光电笔是（　　）。
A．寄存器　B．输入设备　C．输出设备　D．存储器

55．存储器容量 1MB 指的是（　　）。
A．1024KB　B．1024B　C．1024KBit　D．1024Bit

56．在计算机中，数据的最小单位是（　　）。
A．二进制的位　B．字节　C．字　D．字长

57．在表示存储器容量时，1KB 为（　　）。
A．1000 字节　B．1000 位　C．1024 字节　D．1024 位

58．闪存卡和 U 盘的主要区别是闪存卡需要使用（　　）才能和计算机连接。
A．读写器　B．输入设备　C．输出设备　D．存储器

59．计算机病毒是指“编制或者在计算机程序中插入的破坏计算机功能或者破坏数据、影响计算机使用并且能够自我复制的一组计算机指令或者（　　）。”

A．目录树　　B．文件夹　　C．程序代码　　D．图标

60．当硬盘被病毒感染时，先（　　）再将引导区重新复制回硬盘，以保证硬盘能正确引导系统。

A．格式化　　B．备份文件　　C．清除病毒　　D．删除文件

1.2　多选题

1．以下选项中，（　　）是计算机的特点。

A．运算速度快　　B．运算精度高　　C．体积小　　D．具有自动编程能力

2．当前普遍使用的微型计算机，所采用的逻辑元件是（　　）。

A．电子管　　B．超大规模集成电路

C．晶体管　　D．大规模集成电路

3．计算机的应用领域有科学计算及（　　）等。

A．建筑　　B．数据处理　　C．纺织　　D．过程控制

4．计算机的发展方向是智能化及（　　）。

A．巨型化　　B．微型化　　C．科学化　　D．网络化

5．计算机由（　　）、输入设备、输出设备五大基本部件组成。

A．运算器　　B．存储器　　C．控制器　　D．显示器

6．在微型计算机中，总线分为（　　）。

A．系统总线　　B．内部总线　　C．数据总线　　D．外部总线

7．计算机中运算器能进行的运算一般有（　　）。

A．高级运算　　B．逻辑运算　　C．初级运算　　D．算术运算

8．外部总线又分为 3 种，分别是（　　）。

A．数据总线　　B．地址总线　　C．控制总线　　D．内部总线

9．内存储器是计算机用来存放（　　）的记忆部件。

A．程序　　B．图表　　C．文件　　D．数据

10．中央处理器的主要组成部件有（　　）。

A．运算器　　B．控制器　　C．监视器　　D．寄存器

11．通常人们所说的一个完整的计算机系统应包括（　　）。

A．系统硬件　　B．系统软件　　C．硬件系统　　D．软件系统

12．高级语言是同（　　）比较接近的计算机程序设计语言。

A．机器语言　　B．自然语言　　C．汇编语言　　D．数学语言

13．软件系统主要由（　　）组成。

A．操作系统　　B．系统软件　　C．应用软件　　D．数据库管理系统

14．由高级语言编写的源程序必须由（　　）进行处理后，机器才能识别和执行。

A．汇编程序　　B．解释程序　　C．编译程序　　D．目标程序

15．常见的语言处理程序有（　　）。

A．汇编程序　　B．编译程序　　C．目标程序　　D．解释程序

16．一台计算机所能执行的全部机器指令的集合称为（　　）。

A．指令系统　　B．汇编语言　　C．机器语言　　D．高级语言

17．高级语言的翻译程序有（　　）程序。

A．编译　　B．解释　　C．汇编　　D．诊断

18．下列四组均属于高级语言的是（　　）。

A．C 语言、Pascal 语言　　B．机器语言、Pascal 语言

C．汇编语言、C 语言　　D．Fortran 语言、Basic 语言

19．应用软件分为（　　）。

A．通用的应用软件　　B．数据库软件

C．专用的应用软件　　D．网络软件

20．下面属于输出设备的是（　　）。

A．键盘　　B．显示器　　C．打印机　　D．光电笔

21．下面属于输入设备的是（　　）。

A．显示器　　B．键盘　　C．鼠标器　　D．打印机

22．I/O 设备的含义是（　　）。

A．输入设备　　B．输出设备　　C．网络设备　　D．控制设备

23．计算机的分类包括（　　）。

A．巨型机、大型机　　B．小型机和微型

C．监控机　　D．控制机

24．计算机主存器一般由（　　）组成。

A．ROM　　B．RAM　　C．CPU　　D．U 盘

25．下列叙述中属于输入端口的是（　　）。

A．主机上的键盘口　　B．主机上的鼠标口

C．主机上接显示器的端口　　D．主机上接打印机的端口

26．在计算机工作时，内存储器可以存储（　　）。

A．运算所需的程序　　B．运算所需的数据

C．长期保存的程序　　D．长期保存的二进制数

27．微机的使用环境是指（　　）。

A．温度　　B．洁净度　　C．湿度　　D．噪声

28．下列属于输入设备的有（　　）。

A．光笔输入　　B．条形码读入器　　C．打印机　　D．控制器

29．下列属于输入设备的有（　　）。

A．扫描仪　　B．显示器　　C．打印机　　D．光电笔

30．1GB 等于（　　）。

A．1024KB　　B．1024MB

C．1024×1024KB　　D．1024×1024×1024B

31．U 盘具有容量大、（　　）、不需要驱动器和通用 USB 接口等特点。

A．携带方便　　B．数据存储速度快

C．价格高　　D．数据易丢失

32．闪存卡是计算机的移动存储设备，可以（　　）。

A．不需要读/写器　　B．不能用于数码相机

C．即插即用　　D．支持热插拔

33．扫描仪的种类很多，通常人们把扫描仪分为（　　）和滚筒式 3 种。

A．手持式　　B．光电式　　C．机电式　　D．台式

34．投影仪有 3 种类型，分别是（　　）。

A．液晶投影仪　　B．数字光处理器投影仪

C．阴极射线管投影仪　　D．光电式投影仪

35．防范黑客的破坏，保障网络系统的安全运行，需要从多个方面采取对策。常见的防范技术有（　　）。

A．防火墙技术　　B．访问控制技术

C．数据加密技术　　D．编程技术

36．计算机病毒与生物病毒有很多相似之处，因此而命名为“病毒”，具有（　　）等特征。

A．寄生性　　B．传染性　　C．再生性　　D．潜伏性

37．计算机的使用规范包括（　　）。

A．道德规范　　B．法律法规　　C．行为规范　　D．使用规范

38．预防病毒传播的主要措施有（　　）。

A．谨慎使用公共和共享的软件

B．密切关注有关媒体发布的反病毒信息

C．限制网上可执行代码的交换

D．不复制文件

39．为计算机提供好的工作环境。计算机的工作环境温度和相对湿度一般为（　　）。

A．5～35℃　　B．20%～80%　　C．0～40℃　　D．10%～90%

40．高级语言又分为（　　）的语言。

A．面向过程　　B．面向对象　　C．机器语言　　D．汇编语言

1.3　判断题

1．世界上第一台电子计算机名字叫 ENIAC。（　　）

2．电子计算机是只用来进行科学计算的电子设备。（　　）

3．电子计算机区别于其他计算工具的本质特点是能够存储程序和数据。（　　）

4．微型化是计算机发展的唯一目标。（　　）

5．第一代电子计算机的主要逻辑元件是晶体管。（　　）

6．微型计算机就是体积很小的计算机。（　　）

7．与科学计算（或称数值计算）相比，数据处理的特点是数据输入/输出量大，而计算却相对简单。（　　）

8．科学计算是目前计算机应用最广的领域。（ ）
9．集成电路就是将许多电器安装在一块电路板上。（ ）
10．第三代电子计算机一般采用晶体管作为主要逻辑元件。（ ）
11．大型计算机的性能优于微型计算机。（ ）
12．电子计算机的各个发展阶段是以主逻辑元件作为标志的。（ ）
13．指令是计算机用以控制各部件协调动作的命令。（ ）
14．微型机也称为个人计算机或 PC。（ ）
15．过程控制只用于数据处理。（ ）
16．冯·诺依曼提出了经典的计算机基本工作原理。（ ）
17．未来的计算机发展趋势是巨型化、微型化、网络化和智能化。（ ）
18．数据处理包括数据的收集、存储、加工和输出等，而数值计算是指完成数值型数据的科学计算。（ ）
19．解释型的高级语言是指对源程序进行编译的过程中，编译一条执行一条，直到程序结束。（ ）
20．用机器语言编写的程序执行速度较慢，用高级语言编写的程序执行速度快。（ ）
21．计算机软件是程序、数据和文档资料的集合。（ ）
22．计算机语言分三大类：机器语言，低级语言，高级语言。（ ）
23．C 是一种计算机高级语言。（ ）
24．程序必须存放在内存里，计算机才可以执行其中的指令。（ ）
25．汇编语言中的语句与计算机指令是同一概念。（ ）
26．编译程序与解释程序的作用是相同的。（ ）
27．高级语言是计算机能够直接执行的语言。（ ）
28．机器语言是计算机能够直接识别的语言。（ ）
29．汇编语言是依赖于机器的语言。（ ）
30．汇编语言是高级语言。（ ）
31．应用软件就是数据库管理系统。（ ）
32．系统软件的作用是支持计算机硬件正常工作。（ ）
33．DOS 是操作系统软件。（ ）
34．计算机的硬、软件是相互独立的。（ ）
35．微型计算机系统由主机和外设组成。（ ）
36．数据库管理系统相对于操作系统而言是应用软件。（ ）
37．微型机系统是由 CPU、内存储器和输入/输出设备组成的。（ ）
38．外存中的数据可以直接进入 CPU 被处理。（ ）
39．裸机是指没有配置任何外部设备的主机。（ ）
40．Word、Excel、AutoCAD 等软件都属于应用软件。（ ）
41．汇编语言比高级语言运行速度快是因为它采用机器直接能识别的二进制数制编程。（ ）
42．编译程序的作用是将源程序翻译成为目标程序。（ ）

43．汇编语言中的语句与高级语言中的语句是相同的。（　　）

44．解释型的高级语言是指把源程序编译成目标程序。（　　）

45．微型计算机的发展可用微处理器的发展来衡量。（　　）

46．汇编语言之所以属于低级语言是由于其性能差，用它编写的程序执行效率低。（　　）

47．把数据送入计算机中一般称为数据的输入。（　　）

48．微处理器的主要性能指标是其体积的大小。（　　）

49．在主机电源接通的情况下，不要插拔各种接口卡和电缆线，不要搬动机器，以免损坏主机器件。（　　）

50．在所有的打印机中激光打印机的输出效果最好，价格也是最便宜的。（　　）

51．显示器分辨率越低越好。（　　）

52．主频（或时钟频率）是影响微机运算速度的重要因素之一。主频越高，运算速度越快。（　　）

53．计算机的内、外存储器都具有记忆能力，其中的信息不会丢失。（　　）

54．硬盘驱动器的特点是存储容量大、读取速度快、便于数据共享。（　　）

55．分辨率是显示器的一个重要指标，它表示显示器屏幕上的像素的数量。像素越多，分辨率越高，显示的字符或图像就越清晰逼真。（　　）

56．任何存储器都有记忆能力，即其中的信息不会丢失。（　　）

57．计算机能自动运行指的是它能完全脱离人而独立工作。（　　）

58．微机运行过程中若突然断电，则 RAM 中的信息将全部丢失。（　　）

59．硬盘通常安装在主机箱内，所以硬盘属于内存。（　　）

60．主存储器用于存储当前运行所需要的程序和数据，其特点是存储速度快，但与辅助存储器相比其容量小，价格高。（　　）

61．硬盘的特点是存储容量大，价格低，但与主存储器相比，其存取速度较慢。（　　）

62．在显示器屏幕上显示的信息，既有用户输入的内容又有计算机输出的结果，因此，显示器既是输入设备又是输出设备。（　　）

63．KB、MB 和 GB 是度量计算机存储容量的单位。（　　）

64．计算机所处理的数据信息，是以二进制数编码表示的。（　　）

65．CD 光驱只能读 CD 光盘；DVD 光驱不仅能读 DVD 光盘，还能读 CD 光盘。（　　）

66．手写板（也叫手写仪）是一种输入设备，其作用和键盘类似。（　　）

67．开机时应先对外部设备加电，然后再对主机加电；关机操作顺序与开机相反，即先关主机，后关外部设备。（　　）

68．可在带电情况下插拔接口卡及各种电缆线。（　　）

69．计算机的工作环境温度一般为 5～35℃，相对湿度为 20%～80%。（　　）

70．现在市面上的杀毒软件很多，常用的有瑞星杀毒软件、金山毒霸、诺顿、江民杀毒软件、卡巴斯基、趋势科技网络专家及小红伞等。（　　）

第2章 Windows 7操作系统

2.1 单选题

1．桌面上包括以下元素：图标、“开始”按钮、“快速启动”工具栏、（　　）、设置区域等。

A．控制面板　　B．硬盘　　C．计算机　　D．任务栏

2．设置区域中的元素包括时钟、（　　）、声音状态等。

A．应用程序　　B．图标　　C．输入法状态　　D．文件

3．鼠标的操作主要有单击、双击、（　　）与键盘组合等。

A．拖动　　B．三击　　C．移动　　D．快速

4．在 Windows 7 中，当用户处于等待状态时，鼠标呈（　　）形。

A．双箭头　　B．I字　　C．沙漏或双漏斗　　D．单箭头

5．在 Windows 7 中，鼠标指针呈双箭头时，一般表示（　　）。

A．完成操作时　　B．可以选择菜单、图标

C．用户等待　　D．边框或四角可以移动

6．在 Windows 7 中，一般“双击”指的是（　　）。

A．连续两次快速按下左键　　B．右键连续两次按下

C．左键、右键各一下　　D．左键击一下，然后等待再击一下

7．运行的应用程序最小化后，该应用程序的状态是（　　）。

A．应用程序关闭　　B．后台运行

C．停止运行　　D．仍在前台运行

8．用鼠标双击窗口左上角的控制菜单按钮，可以（　　）。

A．移动该窗口　　B．关闭该窗口

C．最小化该窗口　　D．最大化该窗口

9．用鼠标拖动窗口的（　　）可以移动该窗口的位置。

A．控制按钮　　B．标题栏　　C．边框　　D．菜单栏

10．Windows 7 的“桌面”指的是（　　）。

A．全部窗口　　B．最大化的同一个窗口

C．活动窗口　　D．启动后显示的整个屏幕

11．对于 Windows 7 操作系统，下列叙述中正确的是（　　）。

A．Windows 7 的操作只能用鼠标

B．Windows 7 为每一个任务自动建立一个显示窗口，其位置和大小不能改变

C．Windows 7 打开的多个窗口，既可平铺，也可层叠

D．Windows 7 不支持打印机共享

12．下列关于 Windows 7 “图标”的叙述中，错误的是（　　）。

A．不同文件有其固定样式的图标，不可更改

B．Windows 7 的图标可以表示应用程序和文档

C．Windows 7 的图标可以表示文件夹和快捷方式

D．Windows 7 的图标可以按名称排列

13．在 Windows 7 中，若要退出当前应用程序，一般不可通过下列操作中的（　　）来完成。

A．单击“关闭”按钮　　B．按 Alt＋F4 组合键

C．双击控制菜单栏　　D．按 Alt＋Esc 组合键

14．Windows 7 “任务栏”上呈高亮显示的按钮所对应的程序是（　　）。

A．系统正在运行的所有程序　　B．系统中保存的所有程序

C．系统后台运行的程序　　D．系统前台运行的程序

15．在应用程序之间信息的交换与共享可以通过（　　）来完成。

A．资源管理器　　B．剪贴板

C．硬盘上的一块区域　　D．软盘上的一块区域

16．使用鼠标切换活动窗口的操作是单击任务栏上的（　　）。

A．应用程序窗口标题按钮　　B．应用程序窗口的标题栏

C．应用程序窗口的任何位置　　D．应用程序窗口控制按钮

17．控制键 Esc 的功能为（　　）。

A．终止当前操作　　B．退出系统

C．打印机输出　　D．结束命令行

18．在 Windows 7 中，“回收站”中的文件或文件夹仍然占用（　　）。

A．内存　　B．硬盘　　C．光盘　　D．软盘

19．设置硬盘共享的步骤如下：在“计算机”窗口中，用鼠标右键单击被格式化为 NTFS 卷的磁盘驱动器，从弹出的快捷菜单中选择（　　）命令。

A．共享　　B．打开　　C．搜索　　D．重命名

20．在 Windows 7 中，启动或关闭汉字输入法的功能键是（　　）。

A．Ctrl＋Space　　B．Ctrl＋Alt　　C．Alt＋Tab　　D．Ctrl＋Esc

21．在 Windows 7 中，切换汉字输入法的功能键是（　　）。

A．Ctrl＋Shift　　B．Ctrl＋BackSpace

C．Alt＋P　　D．Ctrl＋Esc

22．在 Windows 7 中，操作具有（　　）的特点。

A．先选择操作命令，再选择操作对象

B．先选择操作对象，再选择操作命令

C．同时选择操作对象和操作命令

D．允许用户任意选择

23．从（　　）或网络驱动器中删除的项目将被永久删除，而且不能发送到“回收站”。

A．硬盘　　B．U 盘　　C．硬盘文件夹　　D．C 盘

24．在 Windows 7 “资源管理器”窗口中，主菜单栏中有 “文件（F）”菜单，则表示

按（　　）组合键可选择该菜单。

A．Alt＋F　　B．Ctrl＋F　　C．Shift＋F　　D．F

25．在 Windows 7 中，为保护文件不被修改，可将它的属性设置为（　　）。

A．存档　　B．隐藏　　C．系统　　D．只读

26．在 Windows 7 的资源管理器中，单击左窗口中某个文件夹的图标，则会（　　）。

A．在左窗口中显示文件夹中的子文件和文件

B．在左窗口中扩展该文件夹

C．在左窗口中显示其子文件夹

D．在左窗口中显示该文件夹中的文件

27．Windows 7 “回收站”中可以是以下内容：（　　）。

A．文件夹　　B．文件　　C．快捷方式　　D．以上都对

28．将整个屏幕内容复制到剪贴板上，应按（　　）组合键。

A．PrintScreen　　B．Alt＋PrintScreen

C．Ctrl＋PrintScreen　　D．Ctrl＋V

29．在 Windows 7 中，下列关于创建新文件夹的操作，正确的是（　　）。

A．在编辑的文件中单击鼠标右键，然后在快捷菜单中选择“新建”命令

B．在桌面空白处单击鼠标右键，然后在快捷菜单中选择“新建”命令

C．在“控制面板”中选择“新建”命令

D．在附件组中选择“新建”命令

30．在 Windows 7 的 “资源管理器”中，要选择多个连续的文件时，应（　　）。

A．单击第一个文件，再单击最后一个文件

B．用鼠标逐个单击各文件

C．单击第一个文件，按住 Ctrl 键，再单击最后一个文件

D．单击第一个文件，按住 Shift 键，再单击最后一个文件

31．Windows 系统中两个对系统资源进行管理的程序组是 “计算机”和（　　）。

A．“回收站”　　B．“资源管理器”

C．“剪贴板”　　D．“我的文档”

32．下列叙述中正确的是（　　）。

A．Windows 7 的“查找”功能只能用于查找可执行文件

B．Windows 7 的“查找”功能能用于查找文件或文件夹

C．复制文件，必须按住 Ctrl 键

D．在同一磁盘间移动文件，必须按住 Ctrl 键

33．在 Windows 7 中，对文件可以进行复制、移动、改名等操作的是（　　）。

A．磁盘管理　　B．资源管理器　　C．写字板　　D．我的公文包

34．需要更换桌面的显示背景时，可用鼠标右键单击桌面，在打开的快捷菜单内执行“个性化”命令，打开“更改计算机上的视觉效果和声音”对话框，选择（　　）选项。

A．外观　　B．背景　　C．效果　　D．设置

35．为了显示或隐藏任务栏，在任务栏的空白处单击鼠标右键，在弹出的快捷菜单中选

择“属性”选项，打开（　　）对话框。

A．工具栏　　B．显示桌面

C．锁定任务栏　　D．任务栏和「开始」菜单属性

36．在 Windows 7 中，启动 “控制面板”可通过 “资源管理器”启动、“开始”→“控制面板”启动，还可以通过（　　）启动。

A．“计算机”　B．“帮助和支持”　C．“附件”　D．“网络”

37．如果要安装中文输入法，则必须在“控制面板”中双击（　　）图标。

A．“键盘”　　B．“程序和功能”

C．“区域和语言”　　D．“字体”

38．在“控制面板”窗口中双击（　　）图标，打开 “日期 / 时间”属性对话框，在对话框中设置日期和时间即可。

A．“时区”　B．“同步中心”　C．“日期和时间”　D．“背景”

39．Windows 7 的“开始”菜单通常包括（　　）功能。

A．运行　B．搜索　C．所有程序　D．以上均包括

40．Windows 7 的“控制面板”是用来（　　）的。

A．实现硬盘管理　　B．改变文件属性

C．进行系统配置　　D．管理文件

41．下列关于“任务栏”的描述中，错误的是（　　）。

A．“任务栏”的位置可以改变

B．“任务栏”不可隐蔽

C．“任务栏”内显示已运行程序的标题

D．“任务栏”的大小可改变

42．使用“控制面板”中的（　　）可自定义桌面和显示设置。

A．“颜色管理”　　B．“系统”

C．“显示”　　D．“桌面小工具”

43．鼠标和键盘的设置是在（　　）中完成的。

A．文件　　B．文件夹

C．“控制面板”　　D．“网上邻居”

44．在 Windows 7 中，“画图”的默认文件类型是（　　）。

A．BMP　B．EXE　C．TIF　D．DOC

45．在 Windows 7 中，“记事本”放在（　　）应用程序组中。

A．“附件”　B．Excel　C．Word　D．“画图”

46．在 Windows 7 中，“计算器”放在（　　）应用程序组中。

A．“附件”　　B．“回收站”

C．“计算机”　　D．“资源管理器”

47．双击桌面的（　　）图标，将打开“网络”窗口，它用于帮助用户在网络中查找信息和资源。

A．“计算机”　　B．“网络”

C．“开始”菜单　　D．“我的文档”

48．Windows 7 可通过（　　）访问同一局域网中其他计算机中的资源。

A．“网络”　　B．“资源管理器”

C．浏览器　　D．“计算机”

49．在 Windows 7 的“资源管理器”中，要选择多个不连续的文件时，应（　　）。

A．单击第一个文件，再单击最后一个文件

B．用鼠标逐个单击各文件

C．单击第一个文件，按住 Shift 键，再单击最后一个文件

D．单击第一个文件，按住 Ctrl 键，再单击要选定的文件

50．当用户要访问某个计算机时，如果知道该计算机的名字，可直接利用（　　）的搜索功能在整个网络中进行搜索。

A．“网络”　　B．桌面上的“我的文档”图标

C．“资源管理器”　　D．文件管理器

51．在 Windows 7 中，欲选定当前文件夹中的全部文件和文件夹对象，可使用的组合键是（　　）。

A．Ctrl＋V　　B．Ctrl＋A　　C．Ctrl＋X　　D．Ctrl＋D

52．在 Windows 7 中，在桌面上同时显示多个应用程序窗口的正确方法是（　　）。

A．在任务栏空白区单击鼠标右键，在弹出的快捷菜单中选择“并排显示”命令

B．在任务栏空白区单击鼠标右键，在弹出的快捷菜单中选择“排列图标”命令

C．按 Ctrl＋Tab 组合键进行排列

D．在“资源管理器”中进行排列

53．采用拖动的方式将一个文件从当前位置复制到另一个逻辑硬盘的文件夹中（　　）。

A．必须按住 Ctrl 键用鼠标左键拖放

B．必须按住 Shift 键用鼠标左键拖放

C．必须按住 Alt 键用鼠标右键拖放

D．不用按住任何键直接用鼠标左键拖放

54．在 Windows 7 的“资源管理器”窗口中，为了改变隐藏文件的显示情况，应首先选择的菜单是（　　）。

A．文件　　B．编辑　　C．工具　　D．帮助

55．在 Windows 7 中，打开一个菜单后，其中某菜单项会出现与之对应的级联菜单的标识是（　　）。

A．√　　B．×　　C．▶　　D．●

2.2 多选题

1．Windows 7 桌面上包括以下元素（　　）。

A．图标　　B．“快速启动”工具栏

C．文件　　D．“任务栏”

2．窗口包括的元素有（　　）。

A．工作区　　　B．状态栏　　　C．滚动条　　　D．快捷图标

3．窗口的基本操作包括（　　）。

A．隐藏　　　B．切换窗口　　　C．改变窗口尺寸　　　D．移动窗口

4．在使用 Windows 7 操作系统和应用程序遇到困难时，可以使用帮助，其方法有（　　）。

A．按键盘上的 F1 功能键

B．按键盘上的 F4 功能键

C．使用“开始”菜单上的 “帮助和支持”命令

D．以上都对

5．使用“开始”菜单中的“运行”命令，可以（　　）。

A．启动一个应用程序　　　B．打开一个文档文件

C．进入“MS-DOS 方式”窗口　　　D．关闭窗口

6．在 Windows 7 中，要改变窗口大小，可以使用（　　）的办法。

A．选择控制菜单的“大小”命令，输入窗口的长和宽的值，然后单击“确定”按钮

B．选择控制菜单的“大小”命令，用方向键调整边框，然后按 Enter 键

C．将鼠标指针放在窗口边框上，使之变成双向箭头，然后拖动边框

D．用鼠标单击窗口边框

7．“开始”菜单中的“关机”菜单项，其作用是（　　）。

A．用于关闭计算机　　　B．用于重新启动计算机

C．用于退出应用程序　　　D．用于注销当前用户

8．下列关于“程序和功能”的叙述中，正确的是（　　）。

A．只能删除专为 Windows 7 设计了卸载程序的应用软件

B．能够删除 Windows 7 中的所有应用软件

C．可以打开 Windows 7 的功能组件

D．可以关闭 Windows 7 的功能组件

9．使用窗口上的控制按钮，可以将窗口（　　）。

A．最大化　　　B．最小化　　　C．移动　　　D．启动

10．在 Windows 7 中，当把鼠标指针指向某操作对象时，可以进行（　　）操作。

A．单击　　　B．双击　　　C．复制　　　D．剪切

11．下列叙述中，错误的是（　　）。

A．Windows 7 允许在一个应用程序的文档内部复制和移动信息，但不可以在各种应用程序的文档之间复制和移动信息

B．Windows 7 的“开始”菜单不能自行定义

C．Windows 7 允许删除正在使用的文件

D．桌面上的图标也是可以改变的

12．桌面上墙纸排列方式有（　　）。

A．居中　　　B．平铺　　　C．拉伸　　　D．左对齐

13．使用“开始”菜单中的“搜索”命令，可以查找（　　）。

A．文件　　B．文件夹
C．程序　　D．邮件通信簿中的联系人

14．在 Windows 7 桌面上，可以创建（　　）。
A．文件夹　　B．系统目录
C．Word 文档　　D．PowerPoint 演示文稿

15．对于创建后的快捷方式，可以（　　）。
A．复制　　B．删除　　C．移动　　D．最小化

16．下列关于中文输入法的描述中，正确的是（　　）。
A．启动或关闭中文输入法可以按 Ctrl＋Space 组合键
B．在英文及各种中文输入法之间切换可以按 Ctrl＋Shift 组合键
C．通过任务栏中的“语言指示器”可以删除输入法
D．启动或关闭中文输入法可以按 Alt＋Space 组合键

17．在 Windows 7 “回收站”中的文件或文件夹不可以（　　）。
A．创建　　B．进行恢复　　C．进行真正删除　　D．重命名

18．在 Windows 7 中，启动“控制面板”可以使用（　　）。
A．“开始”菜单的“控制面板”选项　　B．“资源管理器”
C．“计算机”　　D．“网上邻居”

19．在“资源管理器”中，“查看”菜单可以提供不同的显示方式，下列选项中（　　）是可以实现的。
A．按日期排序显示　　B．按文件内容排序显示
C．按文件大小排序显示　　D．按文件名排序显示

20．下列几项中，属于 Windows 7 特点的是（　　）。
A．支持长文件名　　B．硬件即插即用
C．单用户单任务操作系统　　D．图形用户界面

21．在“记事本”中，文件类型不应该是（　　）。
A．文本文件　　B．RTF 文件
C．*.doc 文件　　D．*.wri 文件

22．在 Windows 7 中，文件或文件夹的移动或复制可通过（　　）实现。
A．“剪贴板”　　B．使用拖动技术
C．IE　　D．控制面板

23．下列叙述中，正确的是（　　）。
A．剪贴板中的内容被粘贴到某处后，剪贴板自身仍保留有这些内容
B．当再次执行“剪切”操作后，剪贴板的原有内容被覆盖
C．当再次执行“复制”操作后，剪贴板的原有内容被覆盖
D．剪贴板可以用来复制文本，但不能用来复制图形和声音

24．在 Windows 7 中，建立文件或文件夹可通过（　　）实现。
A．“计算机”　　B．“资源管理器”
C．“网络”　　D．“回收站”

25. 要安装 Windows 7 的系统功能，在“控制面板”中不应双击（　　）图标。

A. “设备和打印机”　　B. “文件夹选项”

C. “程序和功能”　　D. 添加应用程序

26. 应用程序间的切换方法有（　　）。

A. 按 Alt+Esc 组合键，窗口间进行循环切换

B. 按 Alt 功能键，每按一次 Tab 功能键，蓝色方框将在应用程序图标上循环移动

C. 单击窗口的可见部分区域

D. 按住 Alt 功能键和 F1 键

27. 在“资源管理器”中完成对文件的管理功能有（　　）。

A. 添加 / 删除程序　　B. 创建文件夹

C. 更改文件的打开方式　　D. 复制、移动文件或文件夹

28. “控制面板”可以对（　　）进行设置。

A. 鼠标、键盘　　B. 文件夹

C. 日期 / 时间　　D. 桌面和显示设置

29. 桌面图标的组织可以按（　　）。

A. 名称　　B. 大小

C. 日期 / 时间　　D. 位置

30. “附件”中的“系统工具”包括系统信息、系统还原、（　　）等功能。

A. 写字板　　B. 多媒体软件　　C. 画图　　D. 控制面板

31. “画图”是一个绘图软件，用“画图”可以（　　），处理以图形为主的文件。

A. 绘制图形　　B. 输入文字

C. 编程序　　D. 显示桌面和设置

32. 常用的屏幕分辨率有（　　）等。

A. 640×480　　B. 1024×768　　C. 600×400　　D. 1000×800

33. 在 Windows 7 操作系统中安装使用 WinRAR 软件，该软件可以完成文件的（　　）。

A. 压缩操作　　B. 文件保存

C. 文件修改　　D. 解压缩操作

34. 对于 Windows 7 系统，下列叙述正确的是（　　）。

A. 一个单用户操作系统

B. 允许多个用户共同使用一台计算机

C. 具有用户账户管理功能

D. 不具有用户账户管理功能

2.3 判断题

1. Windows 7 的桌面只能在安装时定义。（　　）
2. 在 Windows 7 中可以同时打开多个窗口，但只有一个是活动窗口。（　　）
3. 控制菜单中的“还原”命令可以恢复最小化的窗口。（　　）
4. 在 Windows 7 中鼠标的左、右键可以交换。（　　）

5．窗口的最小化是指关闭该应用程序。（ ）

6．若把一个窗口最大化后，再单击“最小化”按钮，就可以把该窗口最小化。（ ）

7．只有对活动窗口才能进行移动、改变大小等操作。（ ）

8．关闭一个窗口就是将该窗口正在运行的程序转入后台运行。（ ）

9．有的窗口可以有工具栏，工具栏中的每一个按钮都代表一条命令。（ ）

10．在第一次和第二次单击鼠标期间，不能移动鼠标，否则双击无效只能执行单击命令。（ ）

11．当用户为应用程序创建快捷方式时，就是将应用程序再增加一个备份。（ ）

12．文件和文件夹对象的快捷菜单中都有剪切、复制、删除和重命名选项，可以对它们进行相应的操作。（ ）

13．在 Windows 7 中，为了终止一个应用程序的运行，可以先单击该应用程序窗口中的控制菜单框，然后在控制菜单中单击“关闭”按钮。（ ）

14．Windows 7 窗口中的“工具栏”是不可以移动位置的。（ ）

15．所谓“桌面”，是 Windows 7 启动后，用户所看到的整个屏幕。（ ）

16．Windows 7 采用树形管理文件夹方式管理和组织文件。（ ）

17．将当前窗口内容复制到剪贴板上，应按 Alt＋PrintScreen 组合键。（ ）

18．在 Windows 7 系统中，为了在系统启动成功后自动执行某个程序，应将该程序文件添加到“运行”菜单中。（ ）

19．“开始”菜单不能自行定义。（ ）

20．Windows 7 的剪贴板只能复制文本，不能复制图形。（ ）

21．如果需要经常运行一个程序，则可在桌面上创建一个该程序的图标，随时访问都很方便。（ ）

22．从“回收站”中，既可以恢复从硬盘上删除的文件或文件夹，也可以恢复从软盘上删除的文件夹。（ ）

23．“回收站”与“剪贴板”一样，是内存中的一块区域。（ ）

24．“任务栏”只能位于桌面底部。（ ）

25．“控制面板”是用来对 Windows 7 本身或系统本身的设置进行控制的一个工具集。（ ）

26．在 Windows 7 中，日期和时间往往需要经常调整，但只能通过双击“控制面板”窗口中的“日期和时间”图标来进行。（ ）

27．Windows 7 提供的“记事本”程序和“写字板”程序的功能是完全一样的，都是纯文本编辑器。（ ）

28．Windows 7 中，任何时候都可以获取任何项目的帮助信息。（ ）

29．在“开始”菜单上，单击“帮助和支持”按钮，或直接按键盘上的 F1 功能键可以获取帮助信息。（ ）

30．执行“文件”菜单下的“清空回收站”命令后，可以使在回收站中的全部文件恢复到系统中。（ ）

31．在 Windows 7 系统中进入 MS-DOS 方式就是打开了 MS-DOS 应用程序窗口。（ ）

32．“工具栏”与快捷菜单一样，都是常用的菜单命令的快速使用方式。 （ ）

33．在 Windows 7 中，对文件夹也有类似于文件的复制、移动、重命名以及删除等操作，但其操作方法是不相同的。 （ ）

34．Windows 7 提供了多任务的处理能力。 （ ）

35．控制面板是改变系统配置的应用程序。 （ ）

36．在 Windows 7 下，系统的属性是不可以改变的。 （ ）

37．Windows 7 不支持打印机共享。 （ ）

38．Windows 7 支持面向对象的程序设计。 （ ）

39．Windows 7 允许删除正在使用的输入法。 （ ）

40．桌面上的图标完全可以按用户的意愿重新排列。 （ ）

41．Windows 7 不支持网络功能。 （ ）

42．Windows 7 中的媒体播放器可以播放音频、视频或动画文件。 （ ）

43．Windows 7 可以设置磁盘及文件共享。 （ ）

44．Windows 7 可以将计算机上的软驱和光驱设置为共享。 （ ）

45．如果要暂时离开计算机且不希望让别人使用计算机时，可以选择锁定功能。 （ ）

2.4 上机操作题

1．设置桌面背景为“Windows 经典”。

2．按“项目类型”排列桌面图标。

3．通过 “资源管理器”在“C:”盘目录下建立新文件夹“练习”。

4．将“C:”盘目录下建立的文件夹 “练习”更名为“练习题”。

5．将“C:”盘目录下的文件夹 “练习题”移动到“D:”盘目录下。

6．通过“计算机”在“C:”盘目录下建立新文件夹“我的文件”。

7．将“C:”盘目录下建立的文件夹“我的文件”复制到“D:”盘目录下。

8．将“C:”盘目录下建立的文件夹“我的文件”删除。

9．利用“开始”菜单中搜索功能查找文件夹“我的文件”。

10．恢复删除的“C:”盘目录下的文件夹“我的文件”。

11．查看“C:”盘目录下文件的属性。

12．使用 “画图”软件绘制一幅简洁明快的图画，并将其作为桌面背景。

13．使用 “写字板”输入一段文字，并命名为“mylx”保存在“D:”盘文件夹“我的文件”中。

14．修改上题保存的文件 “mylx”的属性为 “只读”。

15．练习创建 Word 的桌面快捷方式。

16．将显示分辨率设置为 1024×768。

17．在 Windows 7 中建立一个新的账户，用户名为 “TA”。

18．查看修改新用户 “TA”的相关信息。

19．使用 WinRAR 软件，压缩“D:”盘文件夹“我的文件”。

20．将上题的压缩文件解压到“C:”盘。

第3章 应用Internet

3.1 单选题

1．计算机网络最突出的优点是（　　）。

A．信息量大　　B．存储容量大　　C．FTP　　D．资源共享

2．为网络数据交换而制定的规则、约定和标准称为（　　）。

A．接口　　B．网络协议　　C．拓扑结构　　D．TCP 参考模型

3．两台计算机利用电话线路传输数据时，必备的设备是（　　）。

A．调制解调器　　B．网桥　　C．非屏蔽双绞线　　D．集线器

4．计算机网络按其地理范围进行分类，可以分为局域网、城域网和（　　）。

A．校园网　　B．企业网　　C．广域网　　D．互联网

5．Internet 的中文含义是（　　）。

A．因特网　　B．城域网　　C．互联网　　D．局域网

6．Internet 中的 IP 地址由 4 字节组成，字节间用（　　）符号隔开。

A．，　　B．；　　C．。　　D．.

7．IP 地址是由一组（　　）位的二进制数字组成的。

A．64　　B．16　　C．32　　D．8

8．WWW 是由许多 Web 页构成的，网页之间是采用（　　）格式进行组织的。

A．菜单　　B．超链接　　C．命令　　D．无关连

9．调制解调器（Modem）的功能是实现（　　）。

A．数字信号与模拟信号的转换　　B．只能将数字信号转换成模拟信号

C．只能将模拟信号还原成数字信号　　D．数字信号的放大

10．“Internet 服务供应商”的缩写形式是（　　）。

A．ISP　　B．ICP　　C．IEEE　　D．FAQ

11．IE 浏览器的工具栏中“刷新”按钮的作用是（　　）。

A．返回上一页　　B．停止对当前网页的载入

C．显示最新的网页信息　　D．下载当前网页

12．Web 每一个页面都有一个独立的地址，这些地址被称为（　　）。

A．IP 地址　　B．URL　　C．域名　　D．location

13．在 WWW 中，当超链接以文字的方式存在时，文本通常带有（ ）。

A．下画线　　B．引号　　C．圆括号　　D．矩形框

14．在 IE 浏览器中，如果要看刚刚看过的那一个 Web 页面，应该单击（　　）按钮。

A．前进　　B．刷新　　C．历史　　D．后退

15．IP 地址由两部分组成，一部分是（　　）地址，另一部分是主机地址。

A．网络　　B．路由器　　C．工作站　　D．终端

16．代表 Web 页面文件的是（　　）。

A．WPS　　B．HTML　　C．TXT　　D．GIF

17．以下为 Internet 域名的最高层的是（　　）。

A．.cn　　B．.edu　　C．.com　　D．.net

18．Internet（因特网）属于（　　）。

A．Intranet　　B．局域网　　C．城域网　　D．国际互联

19．IP 地址和域名的关系是（　　）。

A．无关系　　B．一一对应

C．一个 IP 地址可以对应多个域名　　D．一个域名对应多个 IP 地址

20．TCP 协议的全称是（　　）协议。

A．网际　　B．远程登录　　C．传输控制　　D．文件传输

21．Internet 上的基本服务之一——E-mail 的作用是（　　）。

A．电子公告牌　　B．远程登录　　C．电子邮件　　D．网上聊天

22．HTML 的含义是（　　）。

A．主页制作语言　　B．超文本标注语言

C．WWW 编程语言　　D．Internet 编程语言

23．在 Internet 主机域名中，下面（　　）代表商业组织机构。

A．.gov　　B．.com　　C．.edu　　D．.net

24．Internet 采用的是（　　）协议。

A．TCP/IP　　B．IEEE 802　　C．OSI　　D．FTP

25．HTTP 指的是（　　）。

A．超文本标注语言　　B．超文本传输协议

C．文件传输　　D．统一资源定位器

26．用户使用电子邮件之前，需要向 ISP 申请一个（　　）。

A．电话号码　　B．E-mail 账户　　C．域名　　D．局域网地址

27．B 类 IP 地址的前二位是（　　）。

A．01　　B．11　　C．00　　D．10

28．下面 IP 地址中，属于 C 类地址的是（　　）。

A．26.26.48.89　　B．162.115.46.99

C．190.112.164.34　　D．212.192.128.64

29．（　　）不是 TCP/IP 协议包含的协议。

A．文件传输　　B．电子邮件　　C．远程登录　　D．字处理

30．在 IE 浏览器的历史记录中的是（　　）。

A．网页的地址　　B．本地主机的 IP 地址

C．主页的内容　　D．电子邮件

31．统一资源定位器的英文缩写是（　　）。

A．URL　　B．HTML　　C．ULR　　D．FTP

32. 浏览 WWW 页面时所看到的 WWW 页面文件一般称为（　　）文件。
A. WPS　　B. DOC　　C. 超文本　　D. 二进制
33. 在 Web 页面上，任何一个超文本链接点不可以是文件中的（　　）。
A. 文字　　B. 数字　　C. 颜色　　D. 图片
34. 你的电子邮件带有一个"别针"图标，表示该邮件（　　）。
A. 要回复　　B. 带有附件　　C. 很重要　　D. 只有图像
35. WWW 中的信息资源是以（　　）为元素构成的。
A. 声音　　B. Web 页　　C. 文本　　D. 链接
36. 域名中的后缀 cn 代表（　　）。
A. 中国　　B. 韩国　　C. 德国　　D. 英国
37. 互联网上的服务都是基于某种协议的，WWW 服务则基于（　　）。
A. HTML　　B. HTTP　　C. IP　　D. TCP
38. 从 http：//www.tsinghua.edu.cn 可以看出它是中国的一个（　　）部门站点。
A. 军事　　B. 其他　　C. 国际　　D. 教育
39.（　　）是正确的电子邮件地址。
A. LiuXin a cs pku. Edu.cn　　B. LiuXin@cs lku edu cn.
C. cs pku. deu. cn@ LiuXiu　　D. LiuXin@cs.pku.edu.c
40. E-mail 地址的正确表示是（　　）。
A. 电子邮箱号，用户口令　　B. 主机地址@用户名
C. 用户名@用户密码　　D. 用户名@主机域名
41. 在 WWW 系统中，主页的含义是（　　）。
A. 任何一张网页
B. 个人或机构的基本信息的第一个页面
C. Internet 的技术文件
D. 比较重要的网页
42. 个人计算机通过电话线浏览 WWW 页面，所用的最主要的通信设备是（　　）。
A. BNC　　B. 网卡　　C. Modem　　D. I / O 接口
43. 局域网的缩写是（　　）。
A. LAN　　B. MAN　　C. WAN　　D. ATM
44. 电子邮件地址包括用户名和（　　）两部分。
A. 收信人地址　　B. 邮件服务器主机名
C. 邮件体　　D. 发信人地址
45. WWW 浏览器是（　　）。
A. 连入 Internet 的 TCP / IP 程序
B. 浏览 Internet 上 Web 页的服务器程序
C. 浏览 Internet 上 Web 页的客户端软件
D. 一个硬件

3.2 多选题

1．计算机网络从地理范围上可以分为城域网（　　）三部分。

A．资源子网　　B．局域网

C．通信子网　　D．广域网

2．IE 浏览器界面中想要浏览某一个特定的主页，可以使用（　　）。

A．在已显示的 Web 页面单击一个超链接

B．查看历史记录

C．使用搜索引擎

D．在地址栏中输入主页的 URL

3．E-mail 地址的组成包括（　　）。

A．用户名　　B．邮件服务器　　C．@　　D．用户密码

4．计算机网络最突出的优点是资源共享，资源主要是指（　　）。

A．数据　　B．硬件　　C．软件　　D．传真

5．WWW 中的文件扩展名为（　　）。

A．.ftp　　B．html　　C．http　　D．htm

6．Web 页是用超文本语言编写的，集文字和超链接为一体，超链接可以是（　　）。

A．文字　　B．声音　　C．图像　　D．动画

7．WWW 服务的主要特点是（　　）。

A．以超文本方式组织网络多媒体信息

B．客户机/服务器工作模式

C．不需要进入 Internet

D．可以访问文本、声音、图像等信息

8．向收藏夹中添加网页的方法有（　　）。

A．拖动地址栏中的网页图标添加到“收藏夹”按钮

B．打开“收藏夹”菜单，单击“添加”按钮

C．单击鼠标右键

D．打开“文件”菜单，选择“另存为”选项

9．Internet Explorer 是用于 Internet 的应用程序组件，其中包括（　　）。

A．IE 浏览器　　B．Outlook Exprcss

C．FrontPage Express　　D．C++语言编辑

10．利用 IE 浏览器，可以（　　）Internet 上各种信息。

A．下载　　B．上载　　C．搜索　　D．查看

11．在 IE 浏览器中，保存网页的方法有（　　）。

A．打开“文件”菜单，选择“另存为”选项

B．在当前显示的网页中用鼠标右键单击想要保存的网页的超链接

C．添加该网页

D．向收藏夹添加该网页

12．用户的电子邮件带有附件，附件可以包括（　　）。

A．文本文件　　B．索引文件
C．声音文件　　D．图像文件

13．组建一个计算机网络需要有（　　）系统。
A．路由器　　B．通信子网
C．网络硬件　　D．网络软件

14．局域网中，常用的网络传输介质有（　　）。
A．双绞线　　B．同轴电缆
C．光纤　　D．卫星

15．以下是 FlashGet（网际快车）功能正确描述的是（　　）。
A．最多可把一个软件分成 10 个部分同时下载
B．支持代理服务器
C．下载的任务不可排序
D．可定制工具条和下载信息的显示

3.3　判断题

1．Internet 上任何一个 E-mail 地址都是唯一的。（　　）
2．Modem 的作用是将数字信号转换成模拟信号。（　　）
3．网络上的每个收发数据包的设备都必须拥有独一无二的 IP 地址。（　　）
4．IP 地址 110.10.8.112 属于 A 类地址。（　　）
5．“Internet Explorer 收藏夹”可用来保存网页。（　　）
6．在 Internet 上的计算机必须拥有一个唯一的 IP 地址。（　　）
7．计算机网络通常分为广域网和局域网两种。（　　）
8．网络上的计算机系统的机型、型号必须一致。（　　）
9．计算机网络由网络硬件和网络软件组成。（　　）
10．IE 浏览器是网络硬件。（　　）
11．Internet 是一种网际网，通过通信线路及设备，将世界各地的计算机或网络连接起来，采用相同的通信协议，实现资源共享、相互通信的目的。（　　）
12．Internet 主要采用 TCP / IP 协议。（　　）
13．文件下载是指从网络（如 Internet）上将文件复制到用户计算机上。（　　）
14．电子邮件使网络用户能够发送和接收文字、图像和语音等多媒体信息。（　　）
15．计算机联网的主要目的是资源共享和相互通信。（　　）
16．目前，E-mail 已广泛用于通信，但在 Internet 上只能实现两个人之间的通信。（　　）
17．网络通信协议是组成计算机网络不可缺少的硬件组成部分。（　　）
18．下载就是将服务器上的文件传送到本地计算机上，而不管用什么方式和何种协议。（　　）

3.4　上机操作题

1．将搜狐网站的主页(网址 http://www.sohu.com)设置为 IE 浏览器的主页，并在“Internet

选项”对话框中做一些其他设置。

2．用IE浏览器浏览新浪网站的主页(网址 http://www.sina.com)并将主页添加在收藏夹中。

3．保存搜狐网站（网址:http://www.sohu.com）的主页。

4．申请一个网易163邮箱，并完成：

（1）在邮箱中将一封带有附件的邮件同时发送给自己的几位好友。

（2）在电子邮箱通讯录中添加10个以上的联系人并新建小学同学、中学同学、大学同学联系组，将10个联系人添加到相应的联系组当中。

（3）在电子邮箱中设置邮箱的自动回复功能，添加自己的个性签名。

（4）在电子邮箱中将垃圾邮件的发送地址添加到黑名单中，拒绝接收其发送过来的电子邮件。

5．上网浏览 www.sina.com 网站，并完成如下操作：

（1）把 www.sina.com 设为IE浏览器的主页。

（2）把浏览的某一网页添加到收藏夹。

（3）熟练掌握工具栏中“后退”、“前进”、“刷新”等的操作。

（4）练习网页的保存。

（5）利用搜索引擎搜索有关的下载工具，如迅雷的最新版本，并下载到自己的计算机硬盘中。

6．使用Google或百度搜索引擎查询有关“IP地址划分”的信息。

（1）将喜欢的网站添加到浏览器中的收藏夹中。

（2）使用FlashGet下载有关“IP地址划分”的图片。

（3）使用迅雷下载有关“IP地址划分”的网络视频。

7．使用Google或百度搜索引擎查询下列任务。

（1）搜索3个介绍天津旅游景点的网页。

（2）查看天津市地图，并找到一条从天津站到天津古文化街的路线。

（3）查询天津到南京的列车时刻表，并找出从天津始发，发车时间为8点到12点之间的所有列车车次。

（4）查询天津到海南的航班时刻信息，并找出折扣最低的3个航班的信息。

8．登录腾讯网（www.qq.com）。

（1）在腾讯软件中心下载腾讯QQ并安装。

（2）申请一个新的账号。

（3）在QQ中添加10个联系人，并建立一个新的联系人组，将添加的联系人都加入到该组中。

（4）在本地计算机上安装一个摄像头并进行设置，实现视频聊天。

（5）在本地计算机上设置一个麦克风，实现音频聊天。

（6）按照个人喜好，更改QQ面板的外观。

（7）在网络中查找并加入一个自己感兴趣的群。

（8）根据自己的喜好装扮QQ空间。

（9）更改自己的QQ秀形象。

（10）利用QQ邮箱发送邮件。

（11）利用QQ传送文件。

9．登录新浪网（www.sina.com）。

（1）申请一个微博账号。

（2）填写个人基本信息和设置。

（3）增加要关注的微博账号。

（4）撰写、发布微博内容。

10．登录淘宝网或天猫商城，体会网上购物的过程和乐趣。

第4章 文字处理软件的应用（Word 2010）

4.1 单选题

1．正确进入 Word 2010 的方法是（　　）。

A．在“开始”菜单中指向“所有程序”级联菜单，然后执行“Microsoft Office”→“Microsoft Word 2010”命令，即可启动 Word 2010

B．双击桌面上已存在的“Microsoft Word”文档图标

C．若 Office 2010 快捷工具栏在屏幕上，直接单击工具栏中的“Microsoft Office Word 2010”按钮即可

D．以上方法都行

2．正确退出 Word 2010 的键盘操作应按（　　）组合键。

A．Shift＋F4　　B．Alt＋F4　　C．Ctrl＋F4　　D．Ctrl＋Esc

3．Word 2010 文档的扩展名为（　　）。

A．.dot　　B．.txt　　C．.docx　　D．.bmp

4．Word 2010 中，“形状”工具在（　　）选项卡。

A．常用　　B．绘图　　C．插入　　D．边框与表格

5．在 Word 2010 中，“纸张大小”选项在（　　）选项卡。

A．插入　　B．工具　　C．页面布局　　D．表格

6．在 Word 2010 中，标尺在（　　）选项卡。

A．命令选项旁边出现图标按钮　　B．视图

C．命令选项后带有快捷键　　D．以上都不是

7．Word 2010 的“字数统计”选项，在（　　）选项卡。

A．“视图”　　B．“插入”　　C．“审阅”　　D．“工具”

8．在 Word 2010 中，当前活动窗口是文档 D1.docx 的窗口，单击该窗口的“最小化”按钮后（　　）。

A．不显示 D1.doc 文档内容，但 D1.doc 文档并未关闭

B．该窗口和 D1.doc 文档都被关闭

C．D1.doc 文档未关闭，并且继续显示其内容

D．关闭了 D1.docx 文档，但该窗口并未关闭

9．在 Word 2010 中，同时打开多个文档，要在文档间循环切换的键盘操作是按（　　）组合键。

A．Tab＋F6　　B．Shift＋F6　　C．Ctrl＋F6　　D．F6

10．在 Word 2010 中，当前正在编辑的文档的文档名显示在（　　）。

A．工具栏的右边　　B．文件菜单中

C．标题栏　　D．状态栏

11．在 Word 2010 主窗口的右上角，可以同时显示的按钮是（　　）。
A．最小化、向下还原和最大化　　B．向下还原、最大化和关闭
C．最小化、向下还原和关闭　　D．向下还原和最大化

12．在 Word 2010 的“最近所用文件”显示的文件名是（　　）。
A．最近被操作过的文件　　B．当前已打开的所有文件
C．当前被操作的文件　　D．扩展名是.docx 的所有文件

13．在 Word 2010 中，如果要插入尾注，可以用（　　）选项设置。
A．“窗口”　　B．“引用”　　C．“编辑”　　D．“视图”

14．在 Word 2010 中，要删除插入点之后的一个字符时可以按（　　）键。
A．Ctrl＋BackSpace　　B．Ctrl＋Delete
C．BackSpace　　D．Delete

15．启动中文 Word 2010 后，空白文档的名字为（　　）。
A．新文档.docx　　B．文档 1. docx
C．文档. docx　　D．我的文档. docx

16．在 Word 2010 编辑的内容中，英文文字下面有红色波浪下画线表示（　　）。
A．已修改过的文档　　B．对输入的确认
C．可能的拼写错误　　D．可能的语法错误

17．在 Word 2010 中的一个文档共有 200 页，请选择最快的方式定位于 112 页（　　）。
A．用垂直滚动条快速移动文档定位于第 112 页
B．用“审阅”中的“信息检索”对话框定位于第 112 页
C．用向下或向上箭头定位于第 112 页
D．用 PageDown 键或 PageUp 键定位于第 112 页

18．在 Word 2010 的编辑状态，执行“剪切”命令后（　　）。
A．被选择的内容被复制到插入点处
B．被选择的内容被移动到剪贴板
C．插入点所在的段落内容被复制到剪贴板
D．被选择的内容被复制到剪贴板

19．在 Word 2010 中，“替换”对话框设定了搜索范围为向下搜索，若按“全部替换”按钮，则（　　）。
A．从插入点开始向上查找并替换匹配的内容
B．从插入点开始向下查找并替换当前找到的内容
C．从插入点开始向下查找并全部替换匹配的内容
D．对整篇文档查找并替换匹配的内容

20．在 Word 2010 中，关于页眉和页脚的设置，下列叙述错误的是（　　）。
A．允许为文档的第一页设置不同的页眉和页脚
B．允许为文档的每个节设置不同的页眉和页脚
C．允许为偶数页和奇数页设置不同的页眉和页脚
D．不允许页眉或页脚的内容超出页边距范围

21．在 Word 2010 编辑菜单中，如果“剪切”和“复制”菜单命令呈灰色（　　）。

A．说明剪贴板有内容，但不是 Word 能使用的内容

B．“剪切”和“复制”命令永远不能被使用

C．只有执行了“粘贴”命令后，“剪切”命令才能被使用

D．只要对文档内容进行了选择之后，“剪切”和“复制”命令才可被使用

22．在 Word 2010 中，分节符所显示的是一条含有“分节符”字符的（　　）。

A．单虚线　　B．双虚线　　C．单实线　　D．双实线

23．在 Word 2010 中查找、替换和（　　）三项功能均在“编辑”中。

A．全选　　B．选择　　C．复制　　D．粘贴

24．在 Word 2010 中，设定打印纸张大小时，应当使用的命令是（　　）。

A．“文件”菜单中的“打印预览”命令

B．“文件”菜单中的“页面设置”命令

C．“视图”菜单中的“工具栏”命令

D．“视图”菜单中的“页面”命令

25．在 Word 2010 中，将剪贴板中的内容粘贴到某一位置的组合键是（　　）。

A．Ctrl＋X　　B．Ctrl＋C　　C．Ctrl＋V　　D．Ctrl＋A

26．在 Word 2010 中，可在（　　）工具栏改变文档的字体大小。

A．常用　　B．字体　　C．绘图　　D．数据库

27．在 Word 2010 中，文档的视图模式会影响字符在屏幕上的显示方式，为了保证字符格式的显示与打印完全相同，应设定（　　）。

A．大纲视图　　B．普通视图　　C．页面视图　　D．全屏显示

28．在 Word 2010 中，每个段落（　　）。

A．以句号结束　　B．由 Word 自动设定结束

C．以空格结束　　D．以用户按 Enter 键结束

29．在 Word 2010 中，使用标尺可以直接设置缩进，标尺的顶部三角形标记代表（　　）。

A．左端缩进　　B．右端缩进　　C．首行缩进　　D．悬挂式缩进

30．在 Word 2010 中，若需将每一页的页码放在页底部右端，正确的命令是（　　）。

A．选择“插入”菜单中的“符号”命令

B．选择“视图”菜单中的“页眉和页脚”命令

C．选择“插入”菜单中的“页码”命令

D．选择“工具”菜单中的“选项”命令

31．在 Word 2010 中，按 PageDown 键，则屏幕显示向后移动（　　）。

A．一行　　B．一页　　C．一节　　D．一屏

32．在 Word 2010 中，字符是作为文本输入的字母、汉字等，下列不能作为字符输入的是（　　）。

A．数字　　B．标点符号　　C．特殊符号　　D．图片

33．在 Word 2010 中，设置字体的“底纹”需选择（　　）。

A．“工具”菜单中的“段落”选项的“文字效果”选项

B．“工具”菜单中的“字体”选项的“文字效果”选项
C．“格式”菜单中的“段落”选项的“文字效果”选项
D．“开始”菜单中的“字体”选项的“字符底纹”选项

34．在 Word 2010 中，以下有关“拆分表格”命令的说法中，正确的是（　　）。
A．可以把表格拆分为左、右两部分　　B．只能把表格拆分为上、下部分
C．可以把表格拆分几列　　D．只能把表格拆分成列

35．在 Word 2010 表格中，对表格的内容进行排序，下列不能作为排序类型的有（　　）。
A．笔画　　B．拼音　　C．偏旁部首　　D．数字

36．在 Word 2010 中有一表格，求第一列至第四列数据之和，则应选择（　　）。
A．SUM（A1：A4）　　B．SUM（A1：D1）
C．SUM（A1，A4）　　D．SUM（A1，D1）

37．在 Word 2010 中，选择“插入”工具栏中的“插入艺术字”选项，共有（　　）种样式。
A．5　　B．15　　C．25　　D．30

38．在 Word 2010 的图片编辑器中，不能改变图片的（　　）。
A．类型　　B．颜色　　C．大小　　D．结构

39．在 Word 2010 中，对表格中的列进行排序可以使用（　　）。
A．“插入”菜单中的“公式”命令
B．“段落”菜单中的“排序”命令
C．“工具”菜单中的“排序”命令
D．以上都可以

40．在 Word 2010 中，“边框和底纹”工具在（　　）选项卡中。
A．页面底纹　　B．字符　　C．表格底纹　　D．表格边框

4.2　多选题

1．在 Word 2010 中，同时打开多个文档，不能在文档间循环切换的键盘操作是按（　　）键。
A．F6　　B．Ctrl＋F6　　C．Shift＋F6　　D．Alt＋F6

2．在 Word 2010 中，打印文档的正确操作命令是（　　）。
A．选择“文件”菜单中的“打印”命令
B．选择“常用”工具栏上的“打印”命令
C．按 Alt＋P 组合键
D．按 Ctrl＋P 组合键

3．关于 Word 2010 下列叙述正确的是（　　）。
A．在 Word 2010 的“打开”对话框中，只能打开一个文件
B．在 Word 2010 中，通过“打开”对话框可以打印多个文档
C．在 Word 2010 中，文件管理包括文件打印、删除、复制、显示等
D．在 Word 2010 中，不能对文件进行管理

4．在 Word 2010 中，将光标移到当前行尾的方法有（　　）。

A．按 Home 键　　B．按 End 键

C．在行尾单击鼠标左键　　D．在行尾单击鼠标右键

5．在 Word 2010 文档中，选定一个段落的方法是（　　）。

A．按 Ctrl＋A 组合键

B．在该段落中三击鼠标左键

C．在该段落选择区对应处双击鼠标左键

D．按住鼠标左键自段落起始位置拖动到终止位置

6．在 Word 2010 中，删除选定内容的正确操作是（　　）。

A．按 Delete 键　　B．按 Insert 键

C．按 Backspace 键　　D．选择“字体”中的“清除”命令

7．（　　）的操作可以实现从英文输入切换到中文输入。

A．单击任务栏的输入法图标，选择需要的中文输入法

B．先按 Ctrl＋Space 组合键，再按 Ctrl＋Shift 组合键选择所需的中文输入法

C．按 Alt＋Shift 组合键

D．按 Shift＋Space 组合键

8．在 Word 2010 中，关于打印预览描述正确的是（　　）。

A．打印预览是文档视图显示方式之一

B．无法对打印预览的文档编辑

C．预览的效果和打印出的文档效果相匹配

D．在打印预览方式中可同时显示多页文档

9．在 Word 2010 中，段落缩进中的“左缩进”方式，可以控制的范围有（　　）。

A．当前段落　　B．选定段落

C．整个文档　　D．当前页中的所有段落

10．在 Word 2010 中，字符是指作为文本输入的字母、汉字和（　　）。

A．数字　　B．标点符号　　C．特殊符号　　D．图片

11．在 Word 2010 中，可以将段落设置为左对齐、右对齐和（　　）。

A．居中　　B．悬挂对齐　　C．分散对齐　　D．两端对齐

12．在 Word 2010 表格操作中，编辑或修改表格时可完成的功能是（　　）。

A．复制或移动表格项

B．无论表格的横向或纵向合并，其标题文字方向只有　种表示形式

C．拆分或合并表格单元

D．改变表格的行高与列宽

13．在 Word 2010 的表格中进行计算，能实现的函数功能有（　　）。

A．求和、平均值及最大（小）值　　B．逻辑操作及三角函数操作

C．求余数及四舍五入的计算　　D．乘法及除法运算

14．在 Word 2010 中，可以使用（　　）方式创建表格。

A．选择“插入”工具栏的“快速表格”命令

B．选择“表格”菜单中的“插入表格”命令

C．选择“表格和边框”工具栏中的“绘制表格”命令和“擦除”命令

D．选择“插入”菜单栏中的“插入表格”命令

15．在 Word 2010 中，（　　）的说法是正确的。

A．默认的字体为“宋体”　　B．默认的字体为“黑体”

C．默认的字号为“五号”　　D．默认的字号为“四号”

4.3　上机操作题

4.3.1　文档排版编辑

1．将下列文字设定为红色、加粗、倾斜。不得做其他任何修改。

如今上网已成为一种时髦，不过如今的上网方式也有不少，但其缺点也显而易见。常见的拨号上网，虽然简单，但是速度太慢，毫无冲浪乐趣可言。一般的 DDN 专线上网，虽速度较快，但其费用太贵且带宽不大。而最新的 ISDN 一线通由于其线路改动大，速度不是很快且费用高也受到了不少非议。

2．将下列文字设定为：

（1）利用“页眉和页脚”命令将页眉设置为“计算机等级考试”，将页脚中的页号改为 2。不得做其他任何修改。

（2）利用“段落”对话框按下列要求排版：左缩进 2 厘米、右缩进 2 厘米、首行缩进 1 厘米、行距为 1.5 磅。不得做其他任何修改。

1994 年是推出全国计算机等级考试的第一年，当年参加考试的有 1 万余人；到了 1998 年上半年，报考人数已达 38 万余人。截止到 1998 年上半年，等级考试共开考 7 次，考生人数累计达 115 万人。其中，有 49 万 4 千人获得了各级计算机等级证书。

3．将下列文字设定为：

（1）将段落中的“拨号上网”改为“双删除线”。不得做其他任何修改。

（2）将段落字体改为 Arial 体、36 磅，给文字加黄色底纹。不做其他任何修改。

如今上网已成为一种时髦，不过如今的上网方式有不少，但其缺点也显而易见。常见的拨号上网，虽然简单，但是速度太慢，毫无冲浪乐趣可言。一般的 DDN 专线上网，虽速度较快但其费用太贵且带宽不大。而最新的 ISDN 一线通由于其线路改动大，速度不是很快且费用高也受到了不少非议。

4．将下列文字复制 1 次，形成内容相同的两个段落，按下列格式排版：

（1）将第一个段落按左缩进 2 厘米，右缩进 2 厘米，首行缩进 0.8 厘米排版。不得做其他任何修改。

（2）将第 2 个段落按行距 25 磅，字间距 3 磅的格式排版。不得做其他任何修改。

与普通拨号 Modem 或 ISDN 相比，ADSL 一个最大的特点是它的数据传输不需要通过电话交换机，新开辟的信息高速公路分流了交换机日益沉重的数据负载，并由此带来了一系列的好处：它可以在同一根铜线上同时实现数据和语音的通信；ADSL 无需拨号，始终在线，属于专线上网方式；通过 ADSL 上网无需另外支付电话费。

5．将下列文字复制 3 次，形成 4 个内容相同的段落，并为所有的段落同时加上红色、“◆”

形的项目符号，不得做其他修改，最后一个回车符要在第四个段落的尾部。

如今上网已成为一种时髦，不过如今的上网方式有不少，但其缺点也显而易见。常见的拨号上网，虽然简单，但是速度太慢，毫无冲浪乐趣而言。一般的 DDN 专线上网，虽然速度较快，但其费用太贵且带宽不大。而最新的 ISDN 一线通由于其线路改动大，速度不是很快且费用高也受到了不少非议。

6．下列段落中有 4 种项目编号，请将第 1 种与第 2 种互换，第 3 种与第 4 种互换。不得做其他任何修改。

DOS 文件名命名规则

● 文件名的长度必须是 1～8 个字符。

■ 扩展名由 1～3 个字符组成。

◆ 文件名中不得包含任何字符及空格。

√ 文件名不得与设备名相同。

7．将文档的起始页码由 1 改为 4。不得做其他任何修改。

如今上网已成为一种时髦，不过如今的上网方式有不少，但其缺点也显而易见。常见的拨号上网，虽然简单，但是速度太慢，毫无冲浪乐趣而言。一般的 DDN 专线上网，虽然速度较快，但其费用太贵且带宽不大。而最新的 ISDN 一线通由于其线路改动大，速度不是很快且费用高也受到了不少非议。

8．为文档加入页眉“计算机等级考试”，并将文档设置为四号字、加粗倾斜、居中显示。不得做其他任何修改。

1994 年是推出全国计算机等级考试的第一年，当年参加考试的有 1 万余人；到了 1998 年上半年，报考人数已达 38 万余人。截止到 1998 年上半年，等级考试共开考 7 次，考生人数累计达 115 万人。其中，有 49 万 4 千人获得了各级计算机等级证书。

9．将文档中的“ADSL”用小四号字、红色 Arial 字体显示。不得做其他任何修改。

与普通拨号 Modem 或 ISDN 相比，ADSL 的一个最大的特点是它的数据传输不需要通过电话交换机，新开辟的信息高速公路分流了交换机日益沉重的数据负载，并由此带来了一系列的好处：它可以在同一根铜线上同时实现数据和语音的通信；ADSL 无需拨号，始终在线，属于专线上网方式；通过 ADSL 上网无需另外支付电话费。

10．将下列标题文字变为“计算机语言”，其格式为：三号字、加粗、隶书，正文的行距设置为“2 倍行距”。不得做其他任何修改。

语　言

目前，在社会上使用的程序设计语言有上百种，它们都被称为计算机的“高级语言”，如 Java、Basic、C# 语言等。这些语言都是用接近人们习惯的自然语言和数学语言为语言的表达形式，人们学习和操作起来感到十分方便。

对于计算机本身来说，它并不能直接识别由高级语言编写的程序，它只能接受和处理由 0 和 1 的代码构成的二进制指令或数据，由于这种形式的指令是面向机器的，因此也称为“机器语言”。

4.3.2 图形处理

1．使用“绘图”工具栏中的按钮将下列圆柱体（图画）的阴影去掉，并将边线宽度设为 1 磅。不得移动图画，不得做其他任何修改。

2．对如下所示图形操作。长方形内部改填充橙色，边框线为蓝色，线粗为 3 磅。然后将该图形顺时针旋转 90°。不得做其他任何修改。

3．只将下列文档中的图画删除，不得做其他任何修改。

与普通拨号 Modem 或 ISDN 相比，ADSL 的一个最大的特点是它的数据传输不需要通过电话交换机，新开辟的信息高速公路分流了交换机日益沉重的数据负载，并由此带来了一系列的好处：它可以在同一根铜线上同时实现数据和语音的通信；ADSL 无需拨号，始终在线，属于专线上网方式；通过 ADSL 上网无需另外支付电话费。

再有就是 ADSL 传输速度的优势：Modem 的最高传输速率是 56Kbps，ISDN 的最高传输速率是 128Kbps，而 ADSL 的最大下行传输速率可达到 8Mbps 以上，这使得过去人们一直梦寐以求的视频点播等多媒体应用成为现实。

4．将下图中的自选图形的填充色设置为红色，边框线为 3 磅，蓝色线条。不得做其他任何修改。

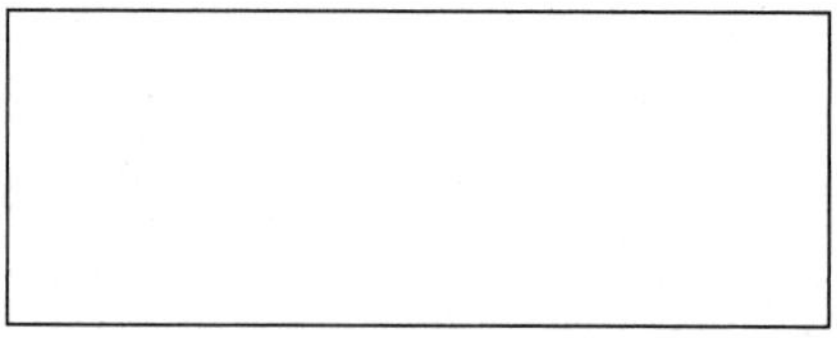

5．将下图中的自选图形顺时针旋转 90°，然后再进行水平翻转，不得移动图形。不得做其他任何修改。

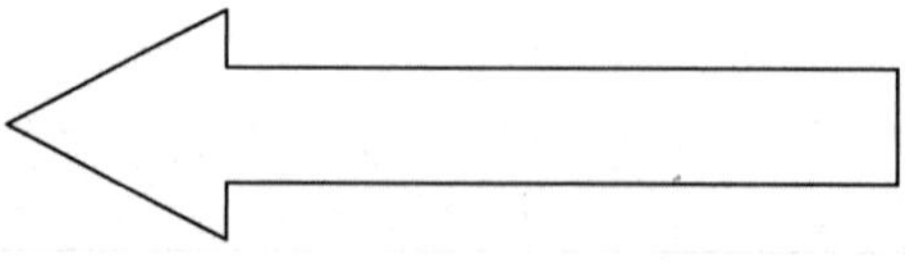

6．将箭头方向由向左侧变为向右侧，线条为实线，颜色为红色，3 磅宽。不得做其他任何修改。

7. 使用“绘图”工具栏中的按钮将图形的线条颜色设置为蓝色，并将边框线宽度设置为 3 磅，填充颜色为“粉红”。不得做其他任何修改。

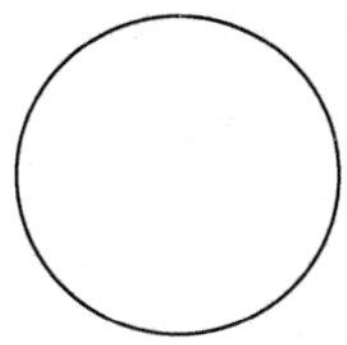

8. 使用“绘图”工具栏中的按钮将心形的图形填充为“红色”，加阴影样式 2。添加 “红心”二字，字号为三号，“黑色”颜色。不得做其他任何修改。

9. 使用“绘图”工具栏中的按钮将新月形的图形填充为“蓝色”，将星形的图形填充为“红色”，并将两个图形进行组合。不得做其他任何修改。

10. 使用“绘图”工具栏中的按钮，将下图中图形的填充色改为蓝色，并将阴影改为阴影样式 16。不得做其他任何修改。

4.3.3 表格处理

1. 下列 2 行 4 列表格的行高是 0.6 厘米，列宽是 3 厘米，将表格的第 4 列删除，再增加第 3 行，使表格变成同样格式的 3 行 3 列的表格，并填入与第 2 行相同的内容。不得做其他修改。

姓　　名	高 等 数 学	大 学 英 语	计算机基础
王志平	88	94	90

2．将下列表格的表格线全部去掉，变成 5 行 4 列的数字。不得做其他修改。

466464	44642	245	211
48	69	789	191
4	639	3	468
59	2	631	54
87	46698	796	4687879

3．将下列表格中的文字删除，使该表变成一个空表，不得将表格及表格线做其他修改。

姓 名	高 等 数 学	大 学 英 语	计算机基础
王志平	88	94	90
吴小会	85	88	93
张静	76	80	85
李天培	69	75	70
曾天	95	88	93
张涣涣	70	73	68

4．使用“表格”菜单中的命令，将表格中的第 3 行和第 3 列删除，不得做其他修改。

姓　　名	高 等 数 学	大 学 英 语	计算机基础
王志平	88	94	90
吴小会	85	88	93
张静	76	80	85
李天培	69	75	70
曾天	95	88	93

5．根据下列表格中的数据求出每个人的总分，并按总分升序排列。不得做其他修改。

姓　　名	语　　文	数　　学	总　　分
王大为	78	82	
张敏	85	84	
吴小会	80	87	

6．将表格中“语文”与“数学”互换位置。不得做其他修改。

时　间 星　期	一	二	三	四	五
1	数学	英语	数学	体育	语文
2	语文	语文	语文	英语	数学
3	音乐	数学	美术	数学	自习
4	劳动	自习		自习	班会

7．将表格中的第 3 列数据求和，结果显示在第 5 行第 3 列，不得进行其他操作。

1		11	A
2		22	B
3		33	C
		44	
4			D

8．将表格中的汉字设定为红色加粗，并将第 1 行加灰色（5%）底纹。不得做其他修改。

姓　名	语　文	数　学	英　语
王大为	78	82	80
张敏	85	84	75
吴小会	80	87	88

9．将表格格式套用“古典型 4”。不得做其他修改。

姓　名	高 等 数 学	大 学 英 语	计算机基础
王志平	88	94	90
吴小会	85	88	93
张静	76	80	85
李天培	69	75	70
曾天	95	88	93
张涣涣	70	73	68

10．将表格的第 1 列和第 2 列合并。不得做其他修改。

1	9	11	A
2	8	22	B
3	7	33	C
4	6	44	
5	5	55	D

第5章　制作电子表格（Excel 2010）

5.1　单选题

1．Excel 2010 文件的扩展名是（　　）。

A．.txt　　B．.xlsx　　C．.doc　　D．.wps

2．Excel 2010 是一种（　　）软件。

A．系统　　B．文字处理　　C．应用　　D．演示文稿

3．Excel 2010 工作表编辑栏中的名称框显示的是（　　）。

A．当前单元格的内容　　B．单元格区域的地址名字

C．单元格区域的内容　　D．当前单元格的地址名字

4．当鼠标划过 Excel 2010 工作表的工作区时，鼠标指针的形状是（　　）。

A．“⦸”形　　B．“⇦”形　　C．空心“十”形　　D．“➔”形

5．在 Excel 2010 操作中，选定单元格时，可选定连续区域或不连续区域单元格，其中有一当前单元格，它是以（　　）标识的。

A．黑底色　　B．粗黑边框　　C．高亮度条　　D．亮白色

6．单元格的格式（　　）。

A．一旦确定，将不能改变

B．随时都能改变

C．根据输入数据的格式而定，不可随意改变

D．更改后将不能改变

7．在单元格中输入数字字符 300100（邮政编码）时，应输入（　　）。

A．300100　　B．“300100”　　C．’300100　　D．300100’

8．单元格地址 R6C5 表示的是（　　）。

A．G7　　B．E6　　C．G6　　D．F6

9．单元格地址 E6 表示的是（　　）。

A．第 7 列的单元格　　B．第 6 行第 5 列相交处的单元格

C．第 5 行第 6 列相交处的单元格　　D．第 6 行的单元格

10．一个新工作簿默认有（　　）个工作表。

A．多个　　B．3　　C．2　　D．16

11．Excel 2010 编辑栏中“×”按钮的含义是（　　）。

A．不能接收数学公式　　B．确认输入的数据或公式

C．取消输入的数据或公式　　D．无意义

12．Excel 2010 编辑栏中的“＝”的含义是（　　）。

A．确认按钮　　B．等号按钮　　C．编辑公式按钮　　D．取消按钮

13．Excel 2010 编辑栏中的“√”按钮表示（　　）。

A．确认输入的数据或公式　　B．无意义
C．取消输入的数据或公式　　D．编辑公式

14．在表格中的单元格出现一连串的“#####”符号，则表示（　　）。

A．使用错误的参数　　B．需调整单元格的宽度
C．公式中无可用数值　　D．单元格引用无效

15．在当前单元格中引用 B5 单元格地址，相对地址引用是（　　）。

A．B5　　B．$B5　　C．B$5　　D．B5

16．在 Excel 2010 中，公式必须以（　　）开头。

A．文字　　B．字母　　C．＝　　D．数字

17．在 Excel 2010 中，下列（　　）方式是单元格的绝对引用。

A．A2　　B．A$2　　C．$A$2　　D．$A2

18．在默认的情况下，Excel 2010 把输入的文本当做字符（　　）。

A．沿单元格靠中间对齐　　B．沿单元格靠左对齐
C．沿单元格靠右对齐　　D．任何地方

19．在工作表中，如果在某一单元格中输入内容“3／5”，Excel 2010 认为是（　　）。

A．文字型　　B．日期型　　C．数值型　　D．逻辑型

20．在单元格中输入（　　）使该单元格显示 0.4。

A．8／20　　B．＝8／20　　C．“8／20”　　D．＝“8／20”

21．在 Excel 2010 中，不存在（　　）工具栏。

A．数据透视表　　B．图表　　C．审阅　　D．表格和边框

22．在 Excel 2010 中，选取多个连续的工作表，按下（　　）键，并通过鼠标分别单击要选取的工作表标签。

A．Delete　　B．Shift　　C．Ctrl　　D．Esc

23．在 Excel 2010 中，单元格行高的调整可通过（　　）菜单进行。

A．数据　　B．视图　　C．工具　　D．格式

24．在编辑 Excel 2010 工作表时，如输入分数 1／6 应先输入（　　），再输入分数。

A．空格　　B．／　　C．1　　D．0 空格

25．在单元格中输入当前的日期只需按（　　）组合键。

A．Ctrl＋；　　B．Shift＋；　　C．Ctrl＋：　　D．Shift＋：

26．在单元格内输入文本后，按（　　）组合键，可实现在当前活动单元格内换行。

A．Esc＋Enter　　B．Alt＋Enter　　C．Ctrl＋Enter　　D．Shift＋Enter

27．在单元格内输入当前的时间只需按（　　）组合键。

A．Ctrl＋：　　B．Alt＋；　　C．Ctrl＋；　　D．Esc＋：

28．在某一单元格内输入数值 5∶6，系统将按（　　）对待。

A．日期　　B．时间　　C．文字　　D．数值

29．单元格区域 B2：C5 包含（　　）个单元格。

A．2　　B．4　　C．8　　D．*

30．在 Excel 2010 中，“A4：B5”代表（　　）单元格。

A．A4、A5、　　B．A4、A5、B4、B5、
C．B4、B5、　　D．A4、B5

31．在 Excel 2010 中，A4，B5 代表（　　）单元格。
A．A4、B5　　B．A4、A5、B4、B5、
C．A4、A5、　　D．B4、B5、

32．图表是（　　）。
A．工作表数据表现的另一种形式　　B．一组图片
C．可以用绘图工具进行编辑　　D．根据工作表数据用绘图工具绘制的

33．在 Excel 2010 中，图表是数据的一种视觉表示形式，图表是动态的，改变了图表中（　　）后，Excel 会自动更改图表。
A．X 轴的数据　　B．Y 轴的数据
C．相依赖的工作表的数据　　D．标题

34．在 Excel 2010 中，（　　）单元格可拆分。
A．几个　　B．合并过的　　C．活动　　D．任意

35．在打印工作表前就能看到实际打印效果的操作是（　　）。
A．仔细查看工作表　　B．打印预览
C．按 F1 键　　D．分页预览

36．在 Excel 2010 中，若填入一列等比数列（单元格内容为常数），可使用的方法是（　　）。
A．使用填充柄　　B．使用插入菜单命令
C．使用数据菜单命令　　D．使用填充序列对话框

37．在 Excel 2010 中，选择一个含有数字内容的活动单元格，按住（　　）键，向右或向下拖动填充柄，所拖过的单元格被填入的是按 1 递增数列。
A．Shirt　　B．Alt　　C．Ctrl　　D．Esc

38．在 Excel 2010 中，选择一个含有数字内容的活动单元格，按住（　　）键，向左或向上拖动填充柄，所拖过的单元格被填入的是按 1 递减数列。
A．Shirt　　B．Alt　　C．Esc　　D．Ctrl

39．在 Excel 2010 中，要使单元格中的内容能自动换行可通过（　　）菜单完成。
A．工具　　B．格式　　C．视图　　D．数据

40．在 Excel 2010 中，单元格中的文本对齐方式可通过（　　）菜单完成。
A．编辑　　B．视图　　C．格式　　D．数据

41．在 Excel 2010 中，利用（　　）菜单可在单元格内部设置斜线。
A．编辑　　B．文件　　C．格式　　D．工具

42．利用“文件”菜单打开 Excel 2010 的文件，一次可以打开多个文件，先单击一个文件名，然后按住（　　）键再单击其他文件名。
A．Enter　　B．Shift　　C．Ctrl　　D．Delete

43．组成 Excel 2010 工作表的最基本单元是（　　）。
A．工作表　　B．当前单元格区域

C．单元格　　　　D．工作簿

44．在 Excel 2010 中，选定若干不相邻单元格区域的方法是按下（　　）键配合鼠标操作。

A．Ctrl　　B．Shift＋Ctrl　　C．Alt＋Shift　　D．Esc

45．对单元格中的公式进行复制时，（　　）地址会发生变化。

A．相对地址中的偏移量发生变化　　B．相对地址所引用的单元格

C．绝对地址中的地址表达式　　D．绝对地址所引用的单元格

46．在 Excel 2010 中输入的数据类型有数值型、文本型及（　　）3 种类型。

A．文本　　B．日期时间型

C．逻辑　　D．通用

47．在公式中使用了 Excel 2010 所不能识别的文本时，单元格将显示错误值，该值以（　　）开头。

A．%　　B．@　　C．￥　　D．#

48．输入数值时，Excel 2010 的默认形式是数字（　　）。

A．在单元格中任何位置　　B．在单元格中左对齐

C．在单元格中右对齐　　D．在单元格中间

49．在工作表中，当选定的若干行要删除时，可通过（　　）菜单操作。

A．视图　　B．数据　　C．格式　　D．编辑

50．在 Excel 2010 中，当在“排序”对话框中的“当前数据清单”框中选择“有标题行”选项按钮时，该标题行（　　）。

A．将参加排序　　B．将不参加排序

C．位置总在第一行　　D．位置总在最后一行

5.2　多选题

1．在 Excel 2010 中（　　）的观点正确。

A．只能打开一个工作簿　　B．工作簿窗口只有一个活动工作表

C．可以同时打开多个工作簿　　D．工作簿窗口有多个活动工作表

2．在 Excel 2010 中，选择一活动单元格，输入一个数字，按住 Ctrl 键，向（　　）方向拖动填充柄，所拖过的单元格被填入的是按 1 递增数列。

A．下　　B．左　　C．上　　D．右

3．Excel 2010 工作表（　　）。

A．不可以重命名　　B．可以复制　　C．不可以移动　　D．可以删除

4．在 Excel 2010 中，若填入一列等差数列（单元格内容为常数），使用的方法是（　　）。

A．使用填充柄　　B．使用填充序列对话框

C．使用插入菜单命令　　D．使用格式菜单命令

5．在 Excel 2010 中，表格边框线的线形可以是（　　）。

A．点画线　　B．细实线　　C．虚线　　D．曲线

6．在 Excel 2010 中，编辑单元格批注的方法是，先选中单元格，然后打开（　　）菜单。

A．插入　　B．格式
C．编辑　　D．单击鼠标右键弹出快捷

7．在 Excel 2010 中，单元格的合并通过（　　）无法进行。
A．“格式”菜单　　B．“合并及居中”工具
C．“数据”菜单　　D．“编辑”菜单

8．默认情况下，Excel 2010 单元格中的数据（　　）表示不是文本。
A．沿单元格靠左对齐　　B．沿单元格靠右对齐
C．靠中间　　D．分数 1 / 6

9．在 Excel 2010 中，建立一个图表可以通过（　　）来实现。
A．“数据”菜单　　B．“插入”菜单
C．常用工具栏　　D．格式工具栏

10．在 Excel 2010 中，在选定的一行位置上插入一行，可以通过（　　）。
A．选择“插入”菜单中的“行”命令
B．选择“数据”菜单中的“行”命令
C．单击鼠标右键，在弹出的快捷菜单中选择“插入”命令
D．选择“编辑”菜单中的“插入”命令

11．在 Excel 2010 中，图表建立好以后，可以通过鼠标（　　）。
A．添加图表向导以外的内容　　B．改变图表的类型
C．调整图表的大小和位置　　D．在图表中增删数据源

12．在 Excel 2010 中，下列说法正确的是（　　）。
A．图表大小不能缩放
B．图表中图例的位置只能位于图的底部
C．图例可以不显示
D．图表的位置可以移动

13．在 Excel 2010 中，可以按照（　　）对数据进行排序。
A．主要关键字　　B．次要关键字　　C．第三关键字　　D．图表

14．在 Excel 2010 中，对排序问题下列说法正确的是（　　）。
A．可以使用工具栏中的“升序”或“降序”按钮
B．排序时关键字有时不止一个
C．在排序对话框的“当前数据清单”栏中选中“有标题行”，表示标题行不参加排序
D．只能对列排序，不能对行实现排序

15．Excel 2010 的筛选数据的方法包括（　　）。
A．高级筛选　　B．选择　　C．有效数据　　D．自动筛选

16．在 Excel 2010 中，取消筛选操作的方法是（　　）。
A．单击“格式”菜单中的“筛选”命令的“自动筛选”项
B．单击“数据”菜单中的“筛选”命令的“自动筛选”项
C．单击“数据”菜单中的“筛选”命令的“全部显示”项
D．单击“工具”菜单中的“筛选”命令的“全部显示”项

17．在 Excel 2010 中，打印预览命令可以（　　）。

A．实现预先看到实际打印的效果　　B．不能调整页眉显示区域的大小

C．分页预览　　D．缩放预览页面

5.3 判断题

1．在 Excel 2010 中，直接处理的对象为工作表，若干工作表的集合称为工作簿。（　　）

2．在 Excel 2010 中，复制到剪贴板的数据可以多次粘贴。（　　）

3．相对引用的含义：把一个含有单元格地址引用的公式复制到一个新的位置或用一个公式填入一个选定范围时，公式中的单元格会根据情况而改变。（　　）

4．绝对引用的含义：把一个含有单元格地址引用的公式复制到一个新的位置或在公式填入一个选定的范围时，公式中的单元格地址保持不变。（　　）

5．每一个工作簿中最多可以有 18 张工作表。（　　）

6．在“公式＝F$2＋E6”中，F$2 是绝对引用，而 E6 是相对引用。（　　）

7．单元格的数据格式一旦选定后，不可以再改变。（　　）

8．打印预览只能显示打印效果，而不能进行文件打印。（　　）

9．在 Excel 2010 中对工作表按某列进行排序时，必须选定整个表格区域。（　　）

10．在 Excel 2010 中排序时，无论递增还是递减排序，空白单元格总是排在最后。（　　）

11．区域 B2：C5 包含 8 个单元格。（　　）

12．利用 Tab 键能结束单元格数据的输入。（　　）

5.4 上机操作题

1．启动 Excel 2010，利用填充柄在 A1：H1 单元格区域，按 1 递增的数字序列输入数字，存盘。

2．启动 Excel 2010，利用填充柄在 A1：H1 单元格区域，按 1 递减的数字序列输入数字，存盘。

3．启动 Excel 2010，利用填充柄在 A1：L1 单元格区域输入一月到十二月，存盘。

4．启动 Excel 2010，在 A1、B1、C1、D1、E1 单元格内分别输入邮政编码 300158、电话号码 87654321、分数 1 / 8、当前的时间、当前的日期，存盘。

5．启动 Excel 2010，在 D1 单元格输入数字 3，D2 单元格输入数字 6，D3 单元格输入 9，按此序列方式填充，D20 单元格的数字是多少？存盘。

6．启动 Excel 2010，在 D1 单元格输入数字 3，D2 单元格输入数字 6，D3 单元格输入数字 12，按此序列方式填充，D20 单元格的数字是多少？存盘。

7．启动 Excel 2010，建立如下表所示的工作表，操作要求如下：

（1）计算“成绩单”中 3 位同学的总评成绩。

总评成绩＝（平时成绩）×15%＋（实训成绩）×15%＋（期末成绩）×70%。

（2）按“总评成绩”为关键字进行升序排列。

（3）“成绩单”的字体用蓝色，表格背景用浅橘黄色。

（4）成绩单中的“总评成绩”小于 60 分的用红色表示出来。

（5）筛选出总评成绩大于或等于 80 分的学生。

（6）创建嵌入式柱状图表。X 轴为姓名，Y 轴上显示“期末成绩”和“总评成绩”，在图表中显示数据标志。图表标题为“成绩单图表”

成　绩　单

学　　号	姓　　名	平时成绩	实训成绩	期末成绩	总评成绩
200901	赵蒙	89	85	90	
200902	杨柳	69	75	82	
200903	刘畅	61	69	40	

8．启动 Excel 2010，在 A1：A8 单元格区域，分别输入数字 60、70、75、95、65、73、82、66，用“MAX”函数计算出 A1：A8 单元格区域中的最大值，将结果存放在 A9 单元格内，存盘。

9．启动 Excel 2010，在 A1：A8 单元格区域中，分别输入数字 70、80、90、95、65、73、82、66，用“MIN”函数计算出 A1：A8 单元格区域中的最小值，将结果存放在 A9 单元格内，存盘。

10．启动 Excel 2010，按照图 “阳光公司费用明细表”，进行如下操作：

（1）在工作表“Sheet1”中创建如下“阳光公司费用明细表”。

阳光公司费用明细表　　单位：元

部　　门	出差费	午餐费	办公费	电话费	合　　计
商务部	2120	421	213	980	
软件部	3201	500	201	897	
销售部	6528	1026	306	1260	

（2）在 B6、C6、D6、E6 单元格中利用 AVERAGE 函数计算出 3 个部门的所有出差费、午餐费、办公费、电话费的平均值。

（3）利用 SUM 函数计算出每一个部门的出差费、午餐费、办公费、电话费 4 项费用之和。

（4）利用工具栏按钮为各项费用数据增加二位小数。

（5）删除“Sheet2”工作表。

（6）在各项费用数据前添加￥符号。

（7）绘制各部门各种费用的嵌入式簇状柱形图，要求有图例，系列产生在列，图表标题为“阳光公司费用柱形图”，嵌入在数据表格下方。

（8）将标题“阳光公司费用明细表”设置为“隶书”、“20 号”、蓝色、跨列居中；表格内字体为“楷体”、“14 号”、居中、靠下、蓝色；底纹是浅黄色；添加表格线。

11．启动 Excel 2010，建立如下表所示的工作表，在单元格 A1：F1 区域中输入“收款凭证”，字体格式为 22 磅、“隶书”、合并及居中，高度调整为 32。

收款凭证

摘　要	贷方科目		金　额		登　账
	总账科目	明细科目	总账科目	明细科目	

12．启动 Excel 2010，按照如下表所示的“销售清单”进行如下操作：

（1）在工作表“Sheet1”中创建“销售清单”，将工作表 Sheet1 更名为“销售清单”。

（2）计算“金额”列的数值（金额＝单价×订购数量）。

（3）对工作表“销售清单”内的数据清单的内容进行自动筛选，条件为“公司为一公司”。

（4）对工作表“销售清单”内的“金额”和“单价”列数据前添加￥符号。

（5）对工作表“销售清单”内的数据清单的内容按主要关键字为“金额”的递增次序和次要关键字“公司”的递增次序进行排序。

（6）利用 MAX 函数求出“金额”的最大值，将结果添加在 E11 单元格内。

（7）利用 MIN 函数求出“金额”的最小值，将结果添加在 E12 单元格内。

（8）对工作表“销售清单”格式化，添加表格线并存盘（格式、文件名、路径自定）。

销售清单

公　司	品　名	单　价	数　量	金　额
一公司	主板	920	23	
二公司	主板	920	22	
三公司	显示卡	260	20	
四公司	内存条	320	56	
三公司	显示器	1500	13	
四公司	显示卡	260	24	
二公司	内存条	320	59	
一公司	显示器	1500	16	

13．启动 Excel 2010，创建一个如下表所示的学籍表，调整行高为 32，列宽为 12，设置单元格内容字体为“宋体”，字号为 12 号，居中，靠下，蓝色；底纹是浅黄色；添加表格线。

学籍表

学　号	姓　名	性　别	年　龄	籍　贯	专　业
200901	李晨	女	18	天津	电子商务
200902	刘东	男	19	北京	计算机
200903	丁一	女	19	山东	自动化

14．按照如下表所示的“英语成绩单”进行如下操作：

（1）启动 Excel 2010，在工作表“Sheet1”中创建“英语成绩单”，将工作表 Sheet1 更名为“英语成绩单”。

英语成绩单

学　　号	姓　　名	口　语　分	笔　试　分	作　文　分	总　　分
200901	王立	79	67	72	
200902	杨柳	96	97	92	
200903	丁韩	83	86	84	

（2）计算每人的总分。总分＝口语分×40%＋笔试分×40%＋作文分×20%。

（3）以“总分”为关键字降序排序。

（4）利用 MAX 函数求出最高总分，将结果填在 F6 单元格内。

（5）对“英语成绩单”的数据清单的内容进行自动筛选，条件为“总分大于或等于 90”。

（6）选择“姓名”和“总分”两列数据，以姓名为横坐标标题，以总分为纵坐标标题，绘制各学生的总分嵌入式簇状柱形图，图表标题为“英语成绩图表”，嵌入在数据表格下方。

（7）自行设置“英语成绩单”字体的大小、颜色、对齐方式，单元格底纹，边框线。

15．启动 Excel 2010，根据如下表所示的“某企业产品季度销售数量情况表”，按照要求进行如下操作：

（1）将工作表 Sheet1 的 A1：F1 单元格合并为一个单元格，内容居中，将工作表 Sheet1 命名为“季度销售数量情况表”。

（2）计算“季度平均值”列的数值。

（3）取“季度销售数量情况表”的“产品名称”列和“季度平均值”列的单元格的内容，建立“簇状柱形图”，X 轴上的项为产品名称（系列产生在“列”），标题为“季度销售数量情况图”，嵌入到表 A7：FI8 单元格区域内。

（4）按照“季度平均值”为关键字进行升序排序。

（5）筛选出季度平均值≥300 的产品名称。

（6）自行设置“某企业产品季度销售数量情况表”字体的大小、颜色、对齐方式，单元格底纹，边框线。

（7）存盘（文件名、路径自定）。

某企业产品季度销售数量情况表

产 品 名 称	第 一 季 度	第 二 季 度	第 三 季 度	第 四 季 度	季度平均值
A－11	356	330	676	467	
C－86	398	423	388	325	
H－39	566	442	498	526	

16．启动 Excel 2010，根据如下表所示的“某企业员工年龄情况表”，按照要求进行如下操作：

（1）将工作表 Sheet1 的 A1：C1 单元格合并为一个单元格，内容居中，将工作表 Sheet1 命名为“员工年龄情况表”。

（2）计算“人数”列的“总计”项及“所占比例”列的内容（所占比例＝人数 / 总数）。

（3）取“员工年龄情况表”的“年龄”列和“所占比例”列的单元格的内容（不包括“总

计”行），建立“分离型环图”，数据标志为“显示百分比”，标题为“员工年龄情况图”，嵌入到表 A9：CI9 单元格区域内。

（4）自行设置“某企业产品季度销售数量情况表”的字体的大小、颜色、对齐方式，单元格底纹，边框线。

某企业员工年龄情况表

年龄（岁）	人　　数	所 占 比 例
30 以上	24	
30 至 40	43	
40 至 50	20	
50 以上	13	
总计		

第6章　多媒体软件应用

6.1　单选题

1．以下（　　）不是多媒体静态图像文件格式。

A．.bmp　　B．.mpg　　C．.png　　D．.jpg

2．下列采集的波形声音（　　）的质量最好。

A．单声道、8位量化、22.05kHz采样频率

B．双声道、8位量化、44.1kHz采样频率

C．单声道、16位量化、22.05kHz采样频率

D．双声道、16位量化、44.1kHz采样频率

3．Flash动画播放文件的扩展名是（　　）。

A．.liv　　B．.fla　　C．.exe　　D．.swf

4．用于数字存储媒体运动图像的压缩编码国际标准是（　　）。

A．JPEG　　B．VIDEO　　C．MPEG　　D．Px64

5．多媒体制作过程中，不同媒体类型的数据收集需要不同的设备和技术手段，动画一般通过（　　）。

A．字处理软件　　B．视频卡采集　　C．声卡剪辑　　D．专用绘图软件

6．以下（　　）不是常用的声音文件格式。

A．JPEG文件　　B．WAV文件　　C．MIDI文件　　D．VOC文件

7．下面（　　）不是图像和视频编码的国际标准。

A．JPEG　　B．MPEG-1　　C．ADPCM　　D．MPEG-2

8．多媒体计算机常用的图像有（　　）。

A．静态图像、照片、图形　　B．静态图像、照片、视频

C．静态图像、图形、视频　　D．静态图像、照片、图形、视频

9．在多媒体中，常用的标准采样频率为（　　）。

A．44.1kHz　　B．88.2kHz　　C．20kHz　　D．10kHz

10．视频信息的最小单位是（　　）。

A．比率　　B．帧　　C．赫兹　　D．位（bit）

11．码率就是数据传输时单位时间传送的数据位数，一般用的单位是（　　）。

A．KB　　B．MB　　C．K　　D．KB / s

12．码率越高，被压缩的比例越小，画质损失（　　）。

A．越少　　B．越多　　C．不变　　D．不一定

13．以下（　　）不是计算机中使用的声音文件格式。

A．WAV　　B.MP3　　C.TIF　　D．MID

14．下列（　　）不是多媒体播放软件。

A．Windows Media Player　　B．美图秀秀

C．暴风影音　　D．千千静听

15．以下文件格式存储的图像，在缩放过程中不易失真的是（　　）。

A．BMP　　B．WMF　　C．JPG　　D．GIF

6.2 多选题

1．下列属于多媒体技术发展方向的是（　　）。

A．简单化，便于操作　　B．高速度化，缩短处理时间

C．高分辨率，提高显示质量　　D．智能化，提高信息识别能力

2．衡量数据压缩技术性能好坏的重要指标是（　　）。

A．压缩比　　B．标准化　　C．恢复效果　　D．算法复杂度

3．在多媒体计算机中，常用的图像输入设备是（　　）。

A．数码照相机　　B．数码摄像机

C．彩色扫描仪　　D．视频信号数字化仪

4．下列软件中（　　）是图形图像编辑处理软件。

A．Photoshop　　B．ACDSee　　C．HyperSnap　　D．WinZip

5．下面属于多媒体静态图像文件格式的是（　　）。

A．JEPG　　B．MPG　　C．BMP　　D．AVI

6．下列关于 DPI 的叙述中，（　　）是正确的。

A．每英寸的 BIT 数　　B．每英寸像素点

C．DPI 越高，图像质量越低　　D．描述分辨率的单位

7．以下（　　）是多媒体教学软件的特点。

A．能正确生动地表达本学科的知识内容

B．具有友好的人机交互界面

C．能判断问题并进行教学指导

D．能通过计算机屏幕和老师面对面讨论问题

8．以下（　　）是视频文件格式。

A．WMV　　B．JPG　　C．AVI　　D．BMP

9．以下（　　）是音频文件格式。

A．WMV　　B．WMA　　C．MP3　　D．WAV

10．以下（　　）是获取图像素材的方式。

A．利用数码相机拍摄图像素材　　B．利用扫描仪扫描获取图像素材

C．利用屏幕抓图软件捕获图像素材　　D．从光盘图库中获取图像素材

6.3 判断题

1．视频质量越高数据量越大。（　　）

2．在相同的条件下，位图所占的空间比矢量图小。（　　）

3．多媒体技术是一种新的媒体应用系统，所以只需要软件支持。（　　）

4．位图可以用画图程序获得、用荧光屏上直接抓取、用扫描仪或视频图像抓取、从照片抓取、购买现成的图片库。（　　）

5．MP3 是一种压缩视频文件格式。（　　）

6．对音频数字化来说，在相同条件下，立体声比单声道占的空间大，分辨率越高则占的空间越小，采样频率越高则占的空间越大。（　　）

7．视频采集是将视频信号数字化并记录到文件上的过程。（　　）

8．多媒体数据压缩和解压技术是多媒体计算机系统的关键技术。（　　）

9．一个完整的多媒体系统由多媒体硬件和多媒体软件两部分构成。（　　）

10．可以利用采集卡捕捉录像机中的视频素材。（　　）

11．对比度是指投影图像最亮和最暗区域之间的比率，比值越大，从黑到白的渐变层次就越少。（　　）

12．图像分辨率（Image Resolution）指图像中存储的信息量。（　　）

13．OCR 软件的功能是将矢量化的文字转换为电子文档可识别的文字。（　　）

14．图像分辨率以比例关系影响着文件的大小，即文件大小与其图像分辨率的平方成反比。（　　）

15．多媒体技术就是计算机综合处理声音、文本、图像等信息的技术。（　　）

6.4 简答题

1．简述多媒体数据的特点。

2．简述图形和图像的区别。

3．什么是图像分辨率？

4．什么是图像对比度？

6.5 上机操作题

6.5.1 处理旅游照片

1．启动美图秀秀软件，打开需要处理的旅游照片。

2．在“裁剪”窗口中，将图片以宽度1024像素，高度768像素的大小进行裁剪。

3．调整图片的亮度和对比度。

4．在图片左下角添加文字说明（如图片拍摄地点等），文字字号设置为36，颜色为白色，字体为楷体、加粗显示。

5．调整图片清晰度。

6．完成图片编辑，保存图片，将图片设置为桌面背景图。

6.5.2 制作旅游照片电子相册

利用数码相机或数码摄像机拍摄的旅游素材，使用 Windows Live Movie Maker 软件制作电子相册。制作流程如下：

1．利用数码相机或数码摄像机拍摄旅游场景。

2．将拍摄的作品作为素材导入到计算机中。

3．启动 Windows Live Movie Maker 软件，将所有素材导入。

4．将素材拖入到软件中的时间线上，并为素材间设置合适的过渡方式。

5．为素材添加合适的字幕。

6．为电影添加合适的背景音乐，并对音频素材进行编辑。

7．输出发布最终作品。

第 7 章　制作演示文稿（PowerPoint 2010）

7.1　单选题

1．PowerPoint 2010 的运行环境是（　　）。

A．DOS　　B．Windows　　C．UCDOS　　D．高级语言

2．PowerPoint 2010 属于（　　）。

A．高级语言　　B．诊断软件　　C．系统软件　　D．应用软件

3．在 PowerPoint 2010 中，若想同时查看多张幻灯片，应选择（　　）视图。

A．备注页　　B．大纲　　C．幻灯片　　D．幻灯片浏览

4．在 PowerPoint 2010 中，下列（　　）是 PowerPoint 2010 所没有的。

A．联机版式视图　　B．备注页视图

C．幻灯片放映视图　　D．普通幻灯片视图

5．PowerPoint 2010 主要用于制作包含文本、图表、图形、剪贴画、影片、声音以及其他多媒体信息的（　　）。

A．备注幻灯片　　B．电子幻灯片　　C．幻灯片　　D．普通幻灯片

6．PowerPoint 2010 系统的可执行文件为（　　）。

A．PowerPoint　　B．Power.exe　　C．PowerPoint.exe　　D．PowerPnt.exe

7．启动 PowerPoint 2010 的方法：可以从 Windows 7 的“开始”菜单启动，也可以通过（　　）启动。

A．“最近在‘开始’菜单打开的程序”

B．“资源管理器”

C．“文件管理器”

D．“计算机”

8．在大纲视图中，只是显示文稿的（　　）内容。

A．备注幻灯片　　B．图片　　C．幻灯片　　D．文本

9．在幻灯片浏览视图中，可以在屏幕上同时看到演示文稿中的所有幻灯片，这些幻灯片是以（　　）显示的。

A．普通视图　　B．备注页视图　　C．大纲视图　　D．幻灯片浏览

10．在 PowerPoint 2010 中默认的新建文件名是（　　）。

A．Sheet1　　B．演示文稿 1　　C．Book1　　D．新文件 1

11．PowerPoint 2010 演示文稿的默认文件扩展名是（　　）。

A．.pptx　　B．.ppt　　C．.dot　　D．.ppz

12．进入各种幻灯片视图的最快捷方法是（　　）。

A．选择“文件”选项卡　　B．选择“格式”选项卡

C．选择“视图”选项卡　　D．单击屏幕右下方的“视图控制”按钮

13．在 PowerPoint 2010 中，若想设置幻灯片中对象的动画效果，应选择（　　）。

A．普通幻灯片视图　　B．幻灯片浏览视图

C．幻灯片放映视图　　D．以上均可

14．在 PowerPoint 2010 的（　　）下，可用鼠标拖动的方法改变幻灯片的顺序。

A．备注页视图　　B．幻灯片视图

C．幻灯片放映视图　　D．幻灯片浏览视图

15．在 PowerPoint 2010 编辑状态下，在（　　）视图中可以对幻灯片进行移动、复制、排序等操作。

A．幻灯片　　B．幻灯片浏览　　C．幻灯片放映　　D．备注页

16．在演示文稿中新增一张幻灯片的方法是（　　）。

A．选择“开始”选项卡中的“新建幻灯片”命令

B．选择“文件”选项卡中的“新建幻灯片”命令

C．选择“设计”选项卡中的“新建幻灯片”命令

D．选择“插入”选项卡中的“新建幻灯片”命令

17．在编辑幻灯片内容时，首先应（　　）。

A．选择编辑对象　　B．选择“幻灯片浏览视图”

C．选择工具栏按钮　　D．选择“开始”选项卡

18．在 PowerPoint 2010 中，选择“开始”选项卡中的（　　）命令，可以改变当前一张幻灯片的布局。

A．幻灯片版式　　B．幻灯片配色方案

C．应用设计模板　　D．母版

19．PowerPoint 2010 文档不可以保存为（　　）文件。

A．演示文稿　　B．文稿模板　　C．Web 页　　D．JPEG

20．当幻灯片中插入了声音后，幻灯片中将出现（　　）。

A．喇叭标记　　B．链接按钮　　C．文字说明　　D．链接说明

21．在（　　）视图下能显示幻灯片中插入的图片对象。

A．幻灯片浏览　　B．幻灯片放映　　C．普通幻灯片　　D．以上都可以

22．在“空白幻灯片”中不可以直接插入（　　）对象。

A．文本框　　B．图片　　C．文本　　D．艺术字

23．在 PowerPoint 2010 中，要同时选定多个图形，可以先按住（　　）键，再单击要选定的图形对象。

A．Shift　　B．Tab　　C．Alt　　D．Ctrl

24．在 PowerPoint 2010 的大纲视图中，不能进行的操作是（　　）。

A．调整幻灯片的顺序　　B．编辑幻灯片中的文字和标题

C．设置文字和段落格式　　D．删除幻灯片中的图片

25．在 PowerPoint 2010 中的 “文件”选项卡中最近使用文件列表是（　　）。

A．最近建立过的几个演示文稿　　B．最近处理过的几个演示文稿

C．当前打开的几个演示文稿　　D．以上都不对

26. 要同时选择第 1、3、5 这三张幻灯片，应该在（　　）视图下操作。

A. 阅读视图　　B. 大纲　　C. 幻灯片浏览　　D. 以上均可

27. 在“开始”选项卡中点击“新建幻灯片”下半部分按钮后（　　）。

A. 出现选取幻灯片版式列表

B. 直接插入新幻灯片

C. 直接插入与上一张幻灯片版式相同的新幻灯片

D. 直接插入一张空白的新幻灯片

28. PowerPoint 2010 提供了（　　）供用户每次插入新幻灯片时选用。

A. 幻灯片版式　　B. 幻灯片模板

C. 幻灯片配色方案　　D. 幻灯片母版

29. 在幻灯片浏览视图中，以下叙述错误的是（　　）。

A. 在按住 Shift 键的同时选择幻灯片，可选择多个相邻的幻灯片

B. 在按住 Shift 键的同时选择幻灯片，可选择多个不相邻的幻灯片

C. 可同时为选中的多个幻灯片设置幻灯片切换动画

D. 可同时将选中的多个幻灯片隐藏起来

30. 在选择了某种版式的新建空白幻灯片上，可以看到一些带有提示信息的虚线框，这是为标题、文本、图表、剪贴画等内容预留的位置，称为（　　）。

A. 版式　　B. 模板　　C. 方案　　D. 占位符

31. 在已有的幻灯片中可以加入艺术字或（　　）。

A. 文件　　B. 模板　　C. 图片　　D. 幻灯片

32. 要改变幻灯片的顺序，可以切换到“幻灯片浏览”视图，单击选定的（　　）将其拖动到新的位置即可。

A. 文件　　B. 幻灯片　　C. 图片　　D. 模板

33. 为所有幻灯片设置统一的、特有的外观风格，应使用（　　）。

A. 母版　　B. 配色方案　　C. 自动版式　　D. 幻灯片切换

34. 在幻灯片母版视图下（　　）可以反映在幻灯片的实际放映中。

A. 设置的标题颜色　　B. 绘制的图形

C. 插入的剪贴画　　D. 以上均可

35. 下列有关幻灯片页面版式的描述，不正确的是（　　）。

A. 幻灯片应用模板一旦选定，就不可以更改

B. 幻灯片的大小尺寸可以更改

C. 一篇演示文稿中只允许使用一种母版格式

D. 一篇演示文稿中不同幻灯片的配色方案可以不同

36. 演示文稿中的每张幻灯片都是基于某种（　　）创建的,它预定义了新建幻灯片的各种占位符的布局情况。

A. 模板　　B. 模型　　C. 视图　　D. 版式

37. 演示文稿中使用的“动画”选项卡，不存在的动画效果是（　　）。

A. 飞入　　B. 脉冲　　C. 自定义路径　　D. 爆炸

38. 为创建一些内容与格式相同或相近的幻灯片，可以使用 PowerPoint 的（　　）功能。

A. 模板　　B. 插入域　　C. 样式　　D. 插入对象

39. 所谓“母版”，就是一种特殊的幻灯片，包含了幻灯片文本和页脚（如日期、时间和幻灯片编号）等占位符，这些占位符，控制了幻灯片的（　　）、阴影和项目符号样式等版式要素。

A. 文本　　B. 图片

C. 字体、字号、颜色　　D. 插入对象

40. 如果要终止幻灯片的放映，可直接按（　　）键。

A. Ctrl+C 组合　　B. Esc　　C. Alt+F4 组合　　D. End

41. 对于演示文稿中不准备放映的幻灯片可用（　　）选项卡中的“隐藏幻灯片”命令隐藏。

A. “设计”　　B. “开始”　　C. “幻灯片放映”　　D. “视图”

42. 设置动画效果可以在（　　）选项卡的“动画方案”命令中执行。

A. “动画”　　B. “幻灯片放映”　　C. “视图”　　D. “工具”

43. 如果要从一个幻灯片切换到下一个幻灯片，应使用（　　）。

A. 动作设置　　B. 自定义动画　　C. 单击鼠标　　D. 预设动画

44. 在 PowerPoint 2010 文档中插入的超链接，可以链接到（　　）。

A. Internet 上的 Web 页　　B. 电子邮件地址

C. 本地磁盘上的文件　　D. 以上均可以

45. 要为幻灯片添加解说词，应该选择“幻灯片放映”选项卡中的（　　）命令。

A. 录制幻灯片　　B. 排练计时　　C. 自定义放映　　D. 联机广播

46. 在幻灯片“动作设置”对话框中设置的超链接，其对象不可以是（　　）。

A. 下一张幻灯片　　B. 上一张幻灯片

C. 其他演示文稿　　D. 幻灯片中的某一对象

47. 在“切换”选项卡中，可以设置的选项是（　　）。

A. 效果　　B. 声音　　C. 换片方式　　D. 以上均可

48. 设置 PowerPoint 2010 对象的超链接功能是指把对象链接到其他（　　）上。

A. 图片　　B. 幻灯片、文件或程序

C. 文字　　D. 以上均可

49. 打印演示文稿时，如果在“打印内容”栏中选择了“讲义”，则每页打印纸上最多能输出（　　）张幻灯片。

A. 2　　B. 8　　C. 6　　D. 9

50. 演示文稿打包文件不能进行（　　）。

A. 复制　　B. 剪切　　C. 修改　　D. 移动

7.2 多选题

1. PowerPoint 2010 的应用特点是（　　）。

A. 制作屏幕演示文稿　　B. 制作讲义

C. 制作网页　　D. 制作文本

2．PowerPoint 2010 中的图片可以来自（　　）。
A．剪辑库　　B．自绘图形　　C．指定文件　　D．应用程序
3．在演示文稿中增加一张幻灯片的方法是（　　）。
A．单击“常用”工具栏中的“新建”按钮
B．在“普通视图”左侧幻灯片列表中，单击鼠标右键，在上下文菜单中选择“新建幻灯片”命令
C．选择“文件”选项卡的“新建”命令
D．选择“开始”选项卡的“新建幻灯片”命令
4．建立一个新的演示文稿，可以（　　）。
A．执行“文件”选项卡的“新建”命令
B．使用 Ctrl+N 组合键
C．单击“格式”选项卡中的“新幻灯片”按钮
D．执行“插入”选项卡的“新幻灯片”命令
5．利用“文件”选项卡中的“保存并发送”命令，可以将当前演示文稿（　　）。
A．复制到软盘上
B．作为电子邮件的正文内容发送出去
C．作为电子邮件的附件发送出去
D．作为传真的内容发送出去
6．在（　　）视图中可以对幻灯片内容进行编辑。
A．幻灯片　　B．大纲　　C．幻灯片浏览　　D．备注页
7．在（　　）视图下可以显示幻灯片中插入的对象。
A．大纲　　B．幻灯片浏览　　C．普通　　D．阅读
8．在“空白幻灯片”中可直接插入（　　）对象。
A．图片　　B．艺术字　　C．文本　　D．组织结构图
9．PowerPoint 2010 提供了 3 种不同的放映幻灯片的类型，即（　　）。
A．演讲者放映　　B．观众自行浏览
C．在展台浏览　　D．幻灯片浏览
10．PowerPoint 2010 提供了普通视图、阅读视图和（　　）及幻灯片放映视图。
A．大纲视图　　B．观众自行浏览　　C．备注页视图　　D．幻灯片浏览
11．普通视图包含三种窗格：（　　）和备注窗格。
A．大纲窗格　　B．幻灯片窗格
C．文本窗格　　D．组织结构窗格
12．对新文稿存盘的方法有（　　）。
A．完成对新文稿的编辑后，选择“文件”选项卡中的“保存”命令或“另存为”命令
B．单击“快捷工具栏”中的“保存”按钮
C．按“保存”命令的 Ctrl＋S 组合键
D．按 Ctrl＋W 组合键
13．保存已有演示文稿的方法有（　　）。

A．选择“文件”选项卡中的“保存”命令

B．选择“文件”选项卡中的“另存为”命令，将弹出“另存为”对话框。在此对话框中，可以选择文稿要保存到的驱动器和文件夹，用新的名字进行保存

C．单击“快捷工具栏”的“保存”按钮

D．按 Ctrl＋W 组合键，以原有名字进行保存

14．要停止正在放映的幻灯片，按（　　）就可以。

A．Ctrl＋X 组合键　　B．Ctrl＋Q 组合键

C．Esc 键　　D．鼠标右键，选择“结束放映”命令

15．在“排练计时”的“预演”对话框中，可以使用不同按钮完成（　　）的功能。

A．暂停幻灯片放映　　B．重新播放幻灯片

C．切换到下一张幻灯片　　D．录制旁白

16．控制幻灯片外观一致的方法主要有（　　）。

A．配色方案　　B．大纲　　C．模板　　D．母版

17．幻灯片的“背景”可以是（　　）。

A．单一颜色　　B．双色过渡　　C．纹理填充　　D．动画

18．下列叙述中，正确的是（　　）。

A．在幻灯片中插入的图片，只能从 PowerPoint 2010 的图片剪辑库中选取

B．自绘的图形不能插入到 PowerPoint 2010 的幻灯片中

C．在 PowerPoint 2010 中可以播放 CD 乐曲

D．在 PowerPoint 2010 的剪辑库中包括视频媒体

19．在下列对象中，可以为其设置动画播放效果的是（　　）。

A．背景　　B．标题　　C．自绘图形　　D．动作按钮

20．幻灯片中的对象在动画播放后，可以（　　）。

A．不变暗　　B．变为其他颜色

C．隐藏　　D．自动删除

7.3 判断题

1．PowerPoint 2010 的主要功能是将各种文字、图形、图表、声音等多媒体信息以电子幻灯片的形式展示出来。（　　）

2．背景用于设置每张幻灯片的预设内容和格式。（　　）

3．通过更改幻灯片的颜色、阴影、图案或者纹理，可以改变幻灯片的放映方式。（　　）

4．在幻灯片上如果需要一个按钮，当放映幻灯片时单击此按钮即可跳转到另外一张幻灯片，则必须为此按钮设置动作。（　　）

5．演示文稿的扩展名为.dbf。（　　）

6．使用“设计”选项卡的“背景样式”可以改变幻灯片的背景。（　　）

7．控制幻灯片放映的方式是浏览。（　　）

8．若要在幻灯片浏览视图中选择多个幻灯片，应先按住 Shift 键。（　　）

9．删除幻灯片可以先选定要删除的幻灯片再按 Delete 键。（　　）

10．在 PowerPoint 2010 中，用“开始”选项卡的“版式”命令可以改变某一张幻灯片的布局。（　　）

11．做完一张幻灯片后要做第二张，应在“开始”选项卡中选择“新建幻灯片”命令。（　　）

12．在幻灯片浏览视图中，可以对幻灯片进行移动、删除、复制，但不能对单独的幻灯片内容进行编辑。（　　）

13．在视图模式中，能够以全屏幕方式显示幻灯片的是“普通视图”。（　　）

14．在幻灯片中出现的虚线框称为占位符。（　　）

15．全屏幕查看演示文稿并控制放映，是一种常见的放映方式。（　　）

16．在设置好演示文稿放映效果以后，演示文稿就可以自动进行播放演示了。（　　）

17．观众自行浏览放映方式将不以全屏幕方式显示。（　　）

18．对编辑好的演示文稿打包应选择“文件”选项卡中“保存并发送”选项中的“将演示文稿打包成 CD”命令。（　　）

19．超链接使用户可以从演示文稿中的某个位置，直接跳转到演示文稿的另一个位置，或其他演示文稿或公司的 Internet 地址。（　　）

20．如果为当前演示文稿做旁白，需要选择“幻灯片放映”选项卡的“录制幻灯片演示”命令。（　　）

21．PowerPoint 2010 的主要功能是图片处理。（　　）

22．在 PowerPoint 2010 中，若想设置幻灯片中对象的动画效果，应选择“普通视图”。（　　）

23．如果要求幻灯片能够在无人操作的环境下自动播放，应事先对演示文稿进行存盘。（　　）

24．在 PowerPoint 2010 的备注页视图可以为幻灯片备注信息。（　　）

25．如果要将 PowerPoint 2010 演示文稿用 IE 浏览器打开，则文件的保存类型应为“网页”。（　　）

26．创建新演示文稿最为快捷的方式是使用演示文稿模板。（　　）

27．要删除多张不连续的幻灯片，可以在按住 Ctrl 键的同时单击要删除的幻灯片。（　　）

28．在 PowerPoint 2010 页眉与页脚中可以插入时间和日期。（　　）

29．幻灯片动画效果的设置方法主要有自动设置和自定义动画两种。（　　）

30．演示文稿通常是按自然顺序放映的。如果需要改变这种顺序，可以借助于超链接的方法来实现。（　　）

7.4 上机操作题

7.4.1 创建演示文稿

1．创建一个空白演示文稿，以“唐诗欣赏”为文件名保存演示文稿。

2．创建第一张幻灯片：内容版式为“空白”；插入艺术字“唐诗欣赏”：字体为隶书，字号为 96 号，如图 7-1 所示。

3．创建第二张幻灯片：内容版式为标题和内容。

（1）标题部分为 “将进酒”。其中字体为华文彩云，字号为 44 号，颜色为黄色，加粗，加阴影，每个字符间有一个空格，如图 7-2 所示。

（2）内容部分为 “君不见黄河之水天上来，奔流到海不复回。君不见高堂明镜悲白发，朝如青丝暮成雪。人生得意须尽欢，莫使金樽空对月。天生我材必有用，千金散尽还复来。”其中字体为宋体，字号为 32 号，颜色为白色，加粗，加阴影。

4．创建第三张幻灯片：文字版式为垂直排列标题与文本。

（1）标题部分为“水调歌头”。其中字体为华文彩云，字号为 44 号，颜色为黄色，加粗，加阴影，每个字符间有一个空格，如图 7-3 所示。

图 7-1

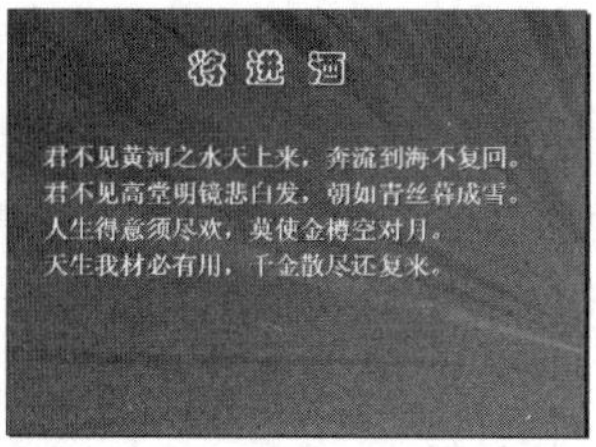

图 7-2

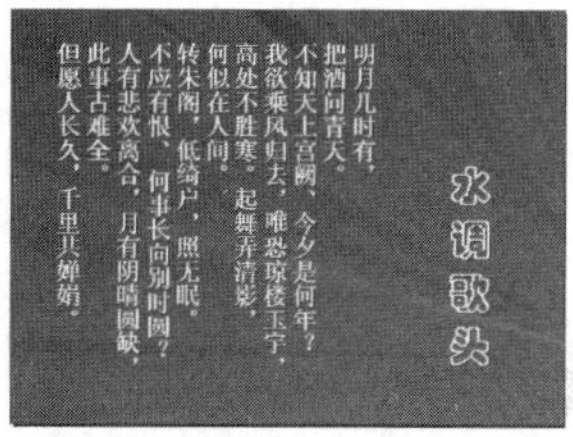

图 7-3

插入图片 （图片可自己随意选择），并置于底层，作为背景，图片大小与演示文稿相同。

（2）内容部分为 “明月几时有，把酒问青天。不知天上宫阙、今夕是何年？我欲乘风归去，唯恐琼楼玉宇，高处不胜寒。起舞弄清影，何似在人间。转朱阁，低绮户，照无眠。不应有恨、何事长向别时圆？人有悲欢离合，月有阴晴圆缺，此事古难全。但愿人长久， 千里共婵娟。”其中字体为宋体，字号为 32 号，颜色为白色，加粗，加阴影。

7.4.2 编辑演示文稿

1．编辑第一张幻灯片：插入文本框，添加两行文字“将进酒”和“水调歌头”，并分别创建链接到第二张和第三张幻灯片。其中字体为宋体，字号为 32 号，加粗，加阴影，如图 7-4 所示。

2．编辑第二张幻灯片：插入图片，置于底层，作为背景，图片大小与演示文稿相同，如图 7-5 所示。

3．编辑第三张幻灯片：插入图片，置于右上角，如图 7-6 所示。

图 7-4

图 7-5

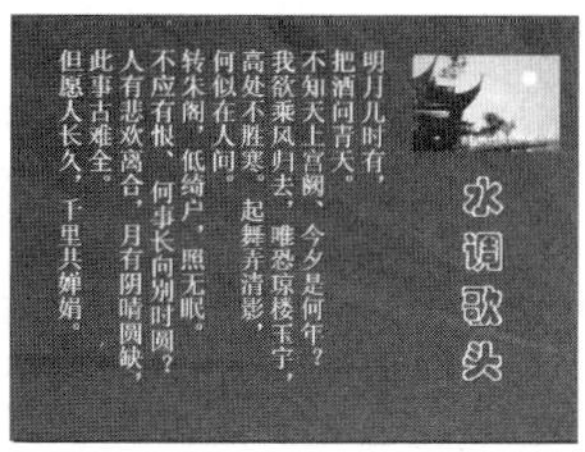

图 7-6

7.4.3 设置播放效果

1．分别为第二张幻灯片和第三张幻灯片添加动作按钮，均超链接到第一张幻灯片，动作按钮均放置在幻灯片的右下角。

2．设置幻灯片之间的切换效果均为向下插入。

3．设置第一张幻灯片的动画效果：

（1）艺术字部分进入为飞入，开始为鼠标单击时，方向为向左侧，速度为快速。

（2）文本框内容进入为阶梯状，开始为鼠标单击时，方向为右上，速度为快速，效果选项为按第一级段落。

4．设置第二张幻灯片的动画效果：

（1）图片的进入为百叶窗，开始为鼠标单击时，方向为垂直，速度为中速。

（2）标题部分的进入为飞入，开始为鼠标单击时，方向为向左侧，速度为快速。

（3）内容部分的进入为展开，开始为鼠标单击时，速度为快速，效果选项为按第一级段落。

（4）动作按钮的进入为飞入，开始为鼠标单击时，方向为底部，速度为快速。

5．设置第三张幻灯片的动画效果：

（1）标题部分的进入为菱形，开始为鼠标单击时，方向为内，速度为中速。

（2）图片的进入为向内溶解，开始为鼠标单击时，速度为快速。

（3）内容部分的进入为切入，开始为鼠标单击时，方向为自顶部，速度为快速，效果选项为按第一级段落。

（4）动作按钮的进入为切入，开始为鼠标单击时，方向为底部，速度为快速。

第二部分　职业模块

模块 2　组装个人计算机

2.1　单选题

1．ROM 的中文名称是（　　）。

A．只读存储器　　B．随机存储器　　C．静态存储器　　D．闪存存储器

2．驱动程序的安装过程中，应首先安装（　　）。

A．安装网卡程序　　B．安装显卡驱动程序

C．安装声卡驱动程序　　D．主板芯片组驱动程序

3．目前最为流行的显卡接口类型是（　　）。

A．AGP　　B．PCI　　C．ISA　　D．PCI-E

4．为计算机提供最低级、最直接的硬件控制，是计算机硬件与软件程序之间的“桥梁”的是（　　）。

A．操作系统　　B．BIOS 程序　　C．驱动程序　　D．主板芯片组

5．下列说法中，正确的是（　　）。

A．软盘的数据存储量远比硬盘少

B．软盘可以是好几张磁盘合成一个磁盘组

C．软盘的体积比硬盘大

D．读取硬盘上数据所需时间比软盘多

6．下列属于可热插拔的接口是（　　）。

A．IDE 接口　　B．USB 接口　　C．AGP 接口　　D．PS/2 接口

7．对于 AWARD 主板，在系统启动过程中按（　　）键可进入 CMOS 设置程序。

A．Ctrl　　B．Reset　　C．Alt　　D．Del

8．微机的硬盘正在工作，此时最害怕（　　）。

A．有人使用鼠标　B．有人使用键盘　C．震动　　D．噪声

9．下列不是硬盘硬件故障的是（　　）。

A．电路控制部分损坏　　B．分区损坏

C．盘体损坏　　D．机械部分损坏

10．下列速度最快的存储器是（　　）。

A．硬盘　　B．软盘　　C．内存　　D．高速缓存

11．以下哪种型号内存的存取速度较快（　　）。

A．SDRAM　　B．DDR3　　C．DDR　　D．DDR2

12．LCD 显示器和 CRT 显示器比较而言，（　　）。

A．LCD 显示器和 CRT 显示器颜色丰富

B．17 英寸的显示器比 15 英寸显示器的颜色丰富

C．LCD 显示器分辨率不能任意调整

D．LCD 显示器刷新频率要求比 CRT 高

13．主板面板上的插针应与机箱上的各开关对应，与电源开关对应的插针应标注（　　）。

A．ResetSW　　B．PowerSW　　C．PowerLED　　D．HDD LED

14．下列操作不能引起计算机硬件发生故障的是（　　）。

A．误删除系统文件　　B．CMOS 设置不当

C．操作环境温度过高　　D．长期处于外界磁场下工作

15．下列不能在 CMOS 中设置的是（　　）。

A．硬盘参数　　B．开机口令　　C．屏幕保护　　D．系统日期

16．一个 CD-ROM 的驱动器标有 50X，则它的最大数据传输速率为（　　）。

A．7500KB/s　　B．1024KB/s　　C．150KB/s　　D．50KB/s

17．AWARDBIOS 自检时发出一声较长的响声，表示（　　）。

A．CPU 自检错误　　B．内存条没有插好或损坏

C．显示器或显卡错误　　D．电源有问题

18．I/O 设备的含义是（　　）。

A．通信设备　　B．网络设备

C．后备设备　　D．输入/输出设备

19．U 盘的存储介质是（　　）。

A．光介质　　B．磁介质

C．半导体电介质　　D．铝合金属

20．在扫描仪中，通常把扫描图像与实物在色彩上的接近程度描述为（　　）。

A．色彩位数　　B．分辨率　　C．扫描幅面　　D．感光率

21．计算机病毒是一种（　　）。

A．硬件　　B．程序

C．数据库　　D．系统生成的后备文件

22．一般来讲，主板上有 2 个 IDE 接口，共可以连接（　　）个 IDE 设备。

A．2　　B．4　　C．6　　D．8

23．硬盘的分区包括（　　）。

A．主分区和物理分区　　B．扩展分区和逻辑分区

C．扩展分区和活动分区　　D．主分区和扩展分区

24．在计算机硬件系统中，用来控制程序运行的部件是（　　）。

A．鼠标　　B．键盘　　C．控制器　　D．运算器

25．不属于显卡性能指标的是（　　）。

A．最大分辨率　B．刷新率　C．点间距　D．视频带宽

26．设置病毒保护功能应该使用下列哪项 CMOS 功能？（　　）

A．CPU Internal Core Speed　B．CPU Bus Frequency

C．Virus Warning　D．Swap Floppy Drive

27．下列存储设备中存取速度最快的是（　　）。

A．硬盘　B．内存　C．Cache　D．U 盘

28．下列接口不能作为键盘接口的是（　　）。

A．PS/2 接口　B．USB 接口　C．COM 接口　D．PCI 接口

29．平时所说的酷睿 i7 3.2G 是指 CPU 的主频为（　　）。

A．1.6GHz　B．3.2GHz　C．2.8GHz　D．2.3GHz

30．如果屏幕显示的字符扭曲、缺色、变大或缩小，最大可能的原因是（　　）。

A．显卡有问题　B．人为故障

C．系统驱动程序故障　D．显示器本身故障

2.2 多选题

1．下列接口可以用来连接硬盘的有（　　）。

A．USB 接口　B．SATA 接口　C．IDE 接口　D．SCSI 接口

2．下列可以支持热插拔的接口是（　　）。

A．USB 接口　B．SCSI 接口　C．SATA 接口　D．PS / 2 接口

3．下列可以在 CMOS 中设置的是（　　）。

A．电源管理　B．开机口令　C．开机启动盘　D．硬盘参数

4．主板上 PCI 插槽能用来插（　　）。

A．声卡　B．AGP 显卡　C．内存条　D．网卡

5．下列设备属于输入设备的是（　　）。

A．扫描仪　B．打印机　C．键盘　D．鼠标

6．显示器按其工作原理来分主要有（　　）。

A．USB　B．PDP　C．CRT　D．LCD

7．软件引起的故障主要有（　　）方面。

A．驱动程序安装不当　B．病毒引起的故障

C．操作不当引起的故障　D．CMOS 设置不当

8．标准 CMOS 设置中可以设置的有（　　）。

A．日期　B．硬盘的参数

C．内存参数　D．启动盘的顺序

9．关于防静电及电磁干扰，下列做法正确的是（　　）。

A．计算机要放在远离磁场的地方

B．装有调制解调器的计算机在雷雨天时不要上网

C．机房里要铺化纤地毯

D．计算机不用时最好将电源线拔掉

10．以下关于计算机的说法中正确的是（　　）。
A．通常所说的计算机的中央处理器指的是安装在主板上的 CPU
B．现在市场上的主流主板是 ATX 主板
C．现在的计算机电源都要经过 3C 认证
D．计算机的主要输出设备是显示器、打印机

2.3　判断题

1．计算机病毒不可能破坏硬件。（　　）
2．必须先在硬盘上安装操作系统后，才能在上面安装应用软件。（　　）
3．刻录机只能往光盘上写入数据而不能读取其内容。（　　）
4．安装内存条时尽量要与 CPU 靠近一些，这样有利于数据交换。（　　）
5．组装计算机前，触摸大块的金属可以释放掉身体上的静电。（　　）
6．SATA 接口的设备可以带电插拔。（　　）
7．避免数据丢失或移动设备损坏，对移动设备读 / 写数据时不要直接拔下。（　　）
8．主板的性能主要由其芯片组决定。（　　）
9．所有的计算机硬件和板卡都必须单独重新安装驱动程序才能正常工作。（　　）
10．当硬盘出现坏道时可用高级格式化来修复。（　　）

2.4　上机操作题

1．虚拟内存就是使用硬盘的一些空间来充当内存，即当内存不够用时，将原本应放在内存中的数据以临时文件的形式存放到硬盘中。请设置系统的虚拟内存初始大小为 2000MB，最大值为 4000MB。

2．列出一台满足上网、听音乐、看高清电影以及打印照片等要求的计算机的硬件配置，并简述组装步骤。

模块 3　组建网络系统

3.1　选择题

1．当前网络系统中局域网布线最常使用的传输介质是（　　）。

A．同轴电缆　　B．双绞线　　C．光纤　　D．无线介质

2．当前局域网布线工程中最常使用的双绞线类型是（　　）。

A．4 类双绞线　　B．5 类双绞线　　C．超 5 类双绞线　　D．6 类双绞线

3．在局域网中，双绞线单段的最大长度不得超过（　　）。

A．50m　　B．80m　　C．100m　　D．250m

4．标准的双绞线一箱的长度是（　　）。

A．100m　　B．250m　　C．305m　　D．350m

5．网络中常用的双绞线接头类型是（　　）。

A．RJ11　　B．BNC　　C．RJ45　　D．AUI

6．通常情况下 5 类双绞线速度可以达到（　　）。

A．100Mbps　　B．150Mbps　　C．200Mbps　　D．1000Mbps

7．通常情况下超 5 类双绞线速度可以达到（ ）。

A．100Mbps　　B．150Mbps　　C．200Mbps　　D．1000Mbps

8．用于表示网络的“10BASE-T”中“10”表示（　　）。

A．网段长度为 10m　　B．网络速度为 10Mbps

C．网段结点数为 10 个　　D．网络用户数为 10 个

9．用于表示网络的“10BASE-T”中的“T”表示（　　）。

A．传输介质为铜质　　B．信号为基带传输

C．网络是无线传输　　D．传输介质是双绞线

10．用于表示网络的“10BASE-T”中的“BASE”表示（　　）。

A．基带传输　　B．基本传输　　C．宽带传输　　D．常用类型

11．一般双绞线中除了 8 根铜线之外还有一根白色的非金属线，该线的作用是（　　）。

A．确定长度　　B．阻燃　　C．抗辐射　　D．抗拉伸

12．通常情况下细同轴电缆采用的接头类型为（　　）。

A．RJ11　　B．BNC　　C．RJ45　　D．AUI

13．通常情况下粗同轴电缆采用的接头类型为（　　）。

A．RJ11　　B．BNC　　C．RJ45　　D．AUI

14．用于表示网络的“10BASE2”中的“2”表示（　　）。

A．传输距离 200m　　B．传输速度 200Mbps

C．传输介质为双绞线　　D．传输介质为细同轴电缆

15．用于表示网络的“10BASE5”中的“5”表示（　　）。

A．传输距离 200m　　B．传输速率 500Mbps
C．传输介质为双绞线　　D．传输介质为粗同轴电缆

16．同轴电缆只能应用的网络拓扑结构为（　　）。

A．总线状　　B．星状　　C．树状　　D．网状

17．通常情况下双绞线应用的网络拓扑结构为（　　）。

A．总线状　　B．星状　　C．环状　　D．网状

18．通常用于测试计算机之间的连通性的命令为（　　）。

A．ipconfig　　B．nat　　C．ping　　D．route

19．通常用于查看计算机网络配置信息的命令为（　　）。

A．ipconfig　　B．nat　　C．ping　　D．route

20．通常局域网所使用的网段为（　　）。

A．169.254.0.0　　B．192.168.0.0　　C．168.192.0.0　　D．254.169.0.0

21．IP 地址与子网掩码之间采用的运算方式为（　　）。

A．与运算　　B．或运算　　C．非运算　　D．异或运算

22．下列 IP 地址中属于 A 类 IP 地址的是（　　）。

A．192.168.2.2　　B．10.10.10.10
C．129.1.4.35　　D．200.200.200.200

23．下列 IP 地址中属于 B 类 IP 地址的是（　　）。

A．192.168.2.2　　B．10.10.10.10
C．129.1.4.35　　D．200.200.200.200

24．下列 IP 地址中属于 C 类 IP 地址的是（　　）。

A．19.168.2.2　　B．10.10.10.10
C．129.1.4.35　　D．200.200.200.200

25．下列子网掩码中不符合要求的是（　　）。

A．255.0.0.0　　B．255.0.255.0
C．255.255.255.240　　D．255.240.0.0

26．子网掩码 255.255.0.0 对应的网络为（　　）。

A．A 类网络　　B．B 类网络　　C．C 类网络　　D．D 类网络

27．下列子网掩码中可以和 IP 地址 10.10.10.10 对应使用的是（　　）。

A．255.255.255.0　　B．255.255.0.0
C．255.0.0.0　　D．255.255.240.0

28．通常情况下，192.168.3.25 所在网络的默认网关一般设置为（　　）。

A．192.168.3.1　　B．192.168.1.1
C．192.168.3.255　　D．192.168.255.255

29．通常局域网连接设备除了计算机、传输介质、交换机之外还需要（　　）。

A．网关　　B．路由器　　C．防火墙　　D．网卡

30．下列操作系统中通常用于服务器操作系统的是（　　）。

A．Windows XP　　B．Windows 98

C．Windows 2000 Professional　　D．Windows 2000 Server

3.2 填空题

1．双绞线分为屏蔽双绞线和______。

2．双绞线中的铜线两两绞合在一起是为了降低信号的______。

3．双绞线布线标准分为______和______两种。

4．通常情况下，局域网中相同类型的设备使用______连接。

5．通常情况下，局域网中不同类型的设备使用______连接。

6．通常情况下制作双绞线直连线的线序采用______标准。

7．采用 T568A 标准制作双绞线的线序为______。

8．采用 T568B 标准制作双绞线的线序为______。

9．双绞线的英文书写为______。

10．当前最常使用的铜介质传输电缆为______。

11．屏蔽双绞线外层的金属包裹层的作用是______。

12．从性价比和可维护性出发，大多数局域网使用______作为布线的传输介质来组网。

13．双绞线由 8 根不同颜色的线分成 4 对绞合在一起，成对扭绞的作用是尽可能减小外部电磁干扰与______的影响。

14．细同轴电缆在网络应用中最常用的单个网段距离为______。

15．粗同轴电缆在网络应用中最常用的单个网段距离为______。

16．用于解析域名与 IP 地址对应关系的服务是______。

17．IP 地址 192.168.3.54 与子网掩码 255.255.255.0 进行与运算之后的结果是______。

18．通常情况下使用 ping 命令发送的数据包的个数是______。

19．当前计算机联入互联网必须采用的协议是______。

20．网卡的英文缩写为 NAC 或______。

21．通常情况下与 IP 地址 192.168.3.3 对应的子网掩码应该是______。

22．DNS 服务是用于解析______和 IP 地址的对应关系。

23．通常情况下在家中通过拨号上网时，用户的 IP 地址是通过______方式获得的。

24．用户查看本机的所有网络配置信息可以通过______命令实现。

25．用户如果需要将计算机连接到互联网必须安装______协议。

26．如果用户可以正常拨号上网，正常使用 QQ，可以通过输入 IP 地址访问网络但不能通过输入域名访问网络，则说明______服务出现故障。

27．局域网中计算机与交换机连接使用______，交换机之间使用______连接。

28．标准机柜及网络设备的宽度为______英寸。

29．常见的域名为______状拓扑结构。

30．当前网络传输介质中速度最快的为______。

3.3 问答题

1．如何鉴别真假双绞线的优劣？

2．非屏蔽双绞线的优点有哪些？

3．直连线和交叉线分别用于哪些情况下的连接？

3.4 实训操作题

1．RJ-45 插头的打线标准与制作方法。

2．一般双绞线外皮的标识有哪些信息，如“AVAYA-C SYSTEIMAX1061C＋4/24AWG CMVERIFIED UL CAT5E 31086FEET 09745.0 METERS”都包括哪些信息？

模块 4　宣传手册制作

4.1　单选题

1．不属于宣传手册类别的是（　　）。
A．宣传卡片　　B．请柬　　C．样本　　D．说明书

2．宣传卡片的功能是（　　）。
A．用于提示商品、活动介绍和企业宣传
B．用于树立一个企业的整体形象
C．一般附于商品包装内，让消费者了解商品的性能、结构、成分、质量和使用方法等
D．用于提示产品的相应注意事项

3．下列关于宣传手册的文字说法错误的是（　　）。
A．文字作为视觉形象要素，首先要有可读性
B．不同的字体、大小及面积的变化，会给读者带来不同的视觉感受
C．在宣传手册设计中，字体的选择与运用要便于识别，容易阅读，不能盲目追求效果，而使文字失去最基本的信息传达功能
D．在整本的宣传手册中，字体的变化可以多种多样

4．关于宣传手册的色彩要素说法错误的是（　　）。
A．在宣传手册设计的诸要素中，色彩是一个重要的组成部分
B．色彩要素可以制造气氛、烘托主题，强化版面的视觉冲击力，直接引起人们的注意与情感上的反应
C．在宣传手册的色彩应用上，对于不同的产品和主题，并无严格要求
D．在宣传手册设计中，运用商品的象征色及色彩的联想、象征等色彩规律，可增强商品的传达效果

5．对于页码较多的宣传手册，在编排上的说法错误的是（　　）。
A．要注意强调节奏的变化关系
B．在画面中要保留一定量的空白
C．不应运用网格结构
D．色彩之间的关系应保持整体的协调统一

4.2　多选题

1．下列关于宣传手册的图片说法正确的有（　　）。
A．具象图形、图像的选择及运用要紧扣主题，需要经过加工提炼与严格筛选
B．现代科技类产品运用具象图形更容易表现它的本质特征
C．抽象图形运用非写实的抽象化视觉语言表现宣传内容，是一种高度理念化的表现

D．抽象表现可以不受任何表现技巧和对象的束缚，不受时空的局限，扩展了宣传手册的表现空间

2．下列关于色彩要素在宣传手册中的应用说法正确的有（　　）。

A．食品类可以使用红、橙、黄等颜色表现

B．蔬菜、瓜果可以使用绿色来表现

C．冷冻食品、清爽饮料可以使用蓝色来表现

D．为了避免视觉上的重复，巧克力和咖啡等一些苦香味的产品不可以用咖啡色来表现

3．对于页码较少、面积较小的宣传手册的编排，下列说法正确的有（　　）。

A．在设计时应使版面特征醒目

B．色彩及形象不应过于显著、突出

C．版面设计要素中，主要文字可适当大一些

D．更应合理安排标题与内容

4．宣传手册的版式类型有（　　）。

A．骨格型　　B．满版型　　C．上下分割型　　D．对称型

5．宣传手册的骨格型版式可以分为（　　）。

A．竖向通栏　　B．双栏　　C．三栏　　D．四栏

4.3　判断题

1．常见的骨格型有竖向通栏、双栏、三栏和四栏等。一般以双栏为多。（　　）

2．图片和文字的编排上，按照骨格比例进行编排配置，给人以严谨、和谐、理性的美。（　　）

3．使版面富有强烈的动感和不稳定因素，从而引人注目的版式是曲线型版式。（　　）

4．重心型版式可分为直接以独立而轮廓分明的形象占据版面中心、向心和离心三类。（　　）

5．最能给人安全稳定之感的版面编排方式是三角形。（　　）

4.4　操作题

1．星巴克

对于爱喝咖啡的人来说，星巴克 （Starbucks）是一个耳熟能详的名字，它最早来源于 19 世纪美国文坛杰出大师赫尔曼·梅尔维尔的经典著作《白鲸——莫比·迪克》的主人公。1971 年，杰拉德·鲍德温和戈登·波克在美国西雅图开设第一家咖啡豆和香料的专卖店星巴克公司。1987

年，霍华德•舒尔茨（Howard Schultz）斥资 400 万美元重组星巴克，推动了星巴克向意式咖啡馆的转型，并完全以自己的理念来经营星巴克，为公司注入了长足发展的动力。

星巴克咖啡在美国和加拿大的学生和城市白领中非常流行。除咖啡之外，星巴克也提供茶（不管热的还是冰的）、馅饼、蛋糕等。有些星巴克店甚至位于超级市场、书店这样的本地商店里。到 2006 年 2 月为止，星巴克在全球范围内已经有超过 9000 家连锁店，分布在北美洲、拉丁美洲、欧洲、中东和环太平洋地区。请收集星巴克咖啡公司的相关内容，为其制作一本宣传企业文化和产品新动向等方面信息的宣传手册。

相关要求：

（1）宣传手册页数不限，具体内容安排自定。

（2）利用 Illustrator 绘图软件进行制作，并将最终的完成稿打印，装订出来。

2．美宝莲

来自美国的美宝莲（Maybe Lline）美容化妆品，始终致力于追求产品内在质量的完美，为现代女性提供最动人的化妆效果。多年的努力，美宝莲已成为目前美国前三名的彩妆品牌，其产品于 75 年前首次以“自选开架式”的销售方法出现在化妆品市场，为使用者亲身体验及选择化妆品提供了更大的方便。

它所提供的各类唇膏、粉底、眼影、睫毛膏、眼线笔及指甲油等均经过专家精心研究，符合国际品质标准。为了迎合东方品味，特在日本设置了庞大的研究机构，专门试验各种色彩及配方以迎合亚洲女性的需要。美宝莲更是世界最大的睫毛膏制造商及创始者。

1996 年欧莱雅集团（L′ ORÉAL）收购美宝莲。该举动宣告了科技创新将与彩妆权威更完美地融合在一起。6 月，美宝莲由曼菲斯迁至世界时尚之都纽约。美宝莲在纽约诞生了。美宝莲在世界大众彩妆品牌的领先地位，成就于它彩妆产品的多样性和高品质。美宝莲纽约化妆品及时推出最新的时尚色彩，与国际潮流同步，把最新、最快的流行信息带给中国的广大消费者。同时美宝莲也十分关注亚洲女性自身的特点，力求产品既有来自纽约的时尚，又适合东方女性的化妆需求。

请收集美宝莲公司的相关内容，为其制作一本宣传企业文化和产品新动向等方面信息的宣传手册。

相关要求：

（1）宣传手册页数不限，具体内容安排自定。

（2）利用 Illustrator 绘图软件进行制作，并将最终的完成稿打印、装订出来。

模块 5　统计报表制作

5.1　单选题

1．将在 Excel 2010 环境中用来储存并处理工作表数据的文件称为（　　）。

A．单元格　　B．工作区　　C．工作表　　D．工作簿

2．保存一个新工作簿的常规操作是（　　）。

A．执行“文件”菜单中的“保存”命令，在“另存为”对话框的“文件名”栏中输入新名字，最后单击“确定”按钮

B．执行“文件”菜单中的“保存”命令，在“另存为”对话框的“文件名”栏中输入新工作簿名，在“保存位置”栏选择适当的磁盘和目录名，在“保存类型”栏选择“Microsoft Excel 工作簿”，最后单击“确定”按钮

C．执行“文件”菜单中的“保存”命令，输入新名字及选择适当的磁盘驱动器，最后单击“确定”按钮

D．执行“文件”菜单中的“保存”命令，在“另存为”对话框的“文件名”栏中输入新名字及选择适当的磁盘驱动器、目录及文件类型，最后单击“取消”按钮

3．若当前工作簿窗口中的编辑栏显示“65”，名称框显示“D6”，表示（　　）。

A．当前单元格在第 6 行第 4 列，其内容是 65

B．当前单元格在第 6 行第 5 列，其内容是 D6

C．当前单元格在第 4 行第 6 列，其内容是 65

D．当前单元格在第 5 行第 6 列，其内容是 D6

4．在单元格中输入公式时，输入的第一个符号是（　　）。

A．√　　B．＝　　C．#　　D．＋

5．在 Excel 2010 中每张表格最多有（　　）列。

A．16　　B．64　　C．256　　D．512

6．在 Excel 2010 中数据透视表的功能是（　　）。

A．交叉分析表　　B．数据排序　　C．图表　　D．透视

7．Excel 2010 允许对不超过（　　）列数据进行排序。

A．4　　B．2　　C．1　　D．3

8．在 Excel 2010 中，在打印学生成绩单时，对不及格的成绩用醒目的方式表示（如用红色表示），当要处理大量的学生成绩时，利用（　　）命令最为方便。

A．查找　　B．数据筛选　　C．条件格式　　D．定位

9．在 Excel 2010 中，输入当天的日期可按（　　）组合键。

A．Shift＋;　　B．Ctrl＋;　　C．Shift＋:　　D．Ctrl＋Shift

10．已知 Excel 2010 工作表中 A1 单元格和 B1 单元格的值分别为“电子信息大学”、“信

息中心”，要求在C1单元格显示“电子信息大学信息中心”，则在C1单元格中应输入的正确公式为（　　）。

A．=“电子科技大学”+“信息中心”

B．=A1$B1

C．=A1+B1

D．=A1&B1

11．在Excel 2010中，已知某单元格的格式为000.00，值为23.785，则显示的内容为（　　）。

A．23.78　　B．23.79　　C．23.785　　D．023.79

12．当在函数或公式中没有可用数值时，将产生错误值（　　）。

A．#VALUE!　　B．#NUM!　　C．#DIV/O!　　D．#N/A

13．在Excel 2010中，对单元的内容进行替换的操作，应当使用的菜单是（　　）。

A．“工具”菜单　　B．“文件”菜单

C．“数据”菜单　　D．“编辑”菜单

14．在Excel 2010中，创建公式的操作步骤是（　　）。

① 在编辑栏输入“=”　　② 输入公式

③按Enter键　　④选择需要建立公式的单元格

A．④③①②　　B．④①②③　　C．④①③②　　D．①②③④

15．拆分工作表的显示窗口可以使用拆分框，拆分框在（　　）。

A．标题栏　　B．工具栏　　C．滚动条　　D．行列标

5.2　多选题

1．下列方法中能用于更改工作表名称的是（　　）。

A．单击主菜单“插入”，再选择“名称”→“定义”选项，然后输入新的工作表名称

B．双击待改名的工作表标签，然后输入新的工作表名称

C．单击主菜单“格式”，再选择“工作表”→“重命名”选项，然后输入新的工作表名称

D．用鼠标右键单击待改名的工作表标签，在弹出的快捷菜单中选择“重命名”选项，然后输入新的工作表名称

2．在Excel 2010中，工作表窗口冻结包括（　　）。

A．水平冻结　　B．垂直冻结

C．水平、垂直同时冻结　　D．全部冻结

3．在Excel 2010中，一个完整的函数包括（　　）。

A．“=”　　B．函数名

C．只有“=”和变量　　D．变量

4．Excel 2010的工作表中，若要对一个区域中的各行数据求和，应该使用（　　）。

A．SUM函数　　B．AVERAGE函数

C．SUN函数　　D．Σ

5．Excel 2010的数据类型包括（　　）。

A．数值型数据　　　B．时间型数据
C．逻辑型数据　　　D．字符型数据

5.3 判断题

1．启动 Excel 2010 后默认的工作簿的名称为 BOOK。（　）

2．Excel 2010 中的图表可加上标题。（　）

3．如果单元格列宽容不下文本字符串，就要占用相邻的单元格。如果相邻的单元格中已有数据，就截断显示。（　）

4．如果没有设置数字格式，则数据以通用格式存储，数值以最大精确度显示。（　）

5．自动筛选的前 10 个功能要求一定筛选前 10 个。（　）

6．汉字的排序是按照其汉语拼音中第 1 个字母的升序或降序来排列的。（　）

7．图表实际上就是指把表格图形化。（　）

8．处理大型工作表，除使用菜单项分割窗口外，还可以使用鼠标分割窗口。（　）

9．隐藏是指被用户锁定且看不到单元格的内容，但内容还在。（　）

10．通过 Excel 2010 菜单“工具 / 选项” 下的“常规” 标签可以设置新工作簿内工作表的数目。（　）

5.4 上机操作题

1．按提示，完成下列操作：

（1）打开 Microsoft Excel 2010，并输入以下表格内容。

（2）加入标题单元格：班级成绩表，并将标题合并及居中，并将所有的单元格设置为居中。

（3）将单元格加上边框（要求：最外层线框要粗于内部线框。每一个都用实线线框标识）。

（4）计算每个学生的总分，并将所有的学生按照总分由高到低排序，算出各科以及总分的平均分（要求：最后结果一律保留 2 位小数）。

（5）将物理成绩 60 分以下的单元格加上红色底色。

（6）保存到桌面并命名为“班级成绩表”。

班级	学号	姓名	语文	数学	外语	物理	总分
1	101	关涛	81	74	112	42	
1	102	刘琛	100	85	100	64	
2	201	李东	99	94	102	67	
2	202	何有	104	98	86	64	
3	301	吴晨	96	108	116	64	

2．按提示，完成下列操作：

（1）打开 Microsoft Excel 2010，并输入以上表格内容。

（2）计算每个人的总分并将平均分一行删除。

（3）将现在的活动工作表重命名为“汇总”。另建 3 个工作表，分别命名为“1 班”、“2 班”、“3 班”，并将表中标题行以及对应的学生成绩分别复制到工作表中。

（4）在“汇总”工作表中，将每一个“班级”的各科成绩分别进行汇总（要求：得出每一科目以及总分的平均值）。

（5）让表格以最佳列宽和行宽显示。

（6）插入柱状图表（要求完成后如下表所示）。

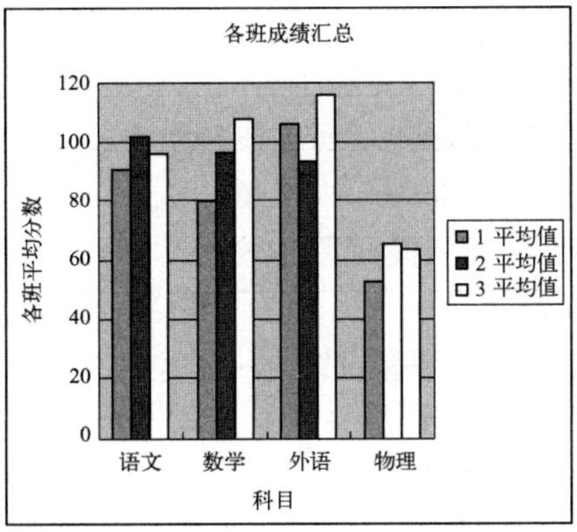

模块 6　电子相册的制作

6.1　单选题

1．在 ACDSee 工作界面工具栏按钮下面的按钮条中，“获得图像”的按钮是（　　）。

A．Manager　　B．Acquire　　C．Edit　　D．Creat

2．在 ACDSee 软件中，运用高斯模糊后的效果是（　　）。

A．产生带运动感的模糊效果

B．产生围绕某个中心点的模糊效果。选中图像，可以设置中心点

C．产生均匀、平滑的模糊效果

D．产生涂抹或霜化的模糊效果

3．使用 ACDSee 软件创建一个 HTML 相册，则在幻灯放映页面的每张照片旁不能显示出来的信息是（　　）。

A．标题　　B．拍摄时间　　C．备注信息　　D．相机类型

4．在创建的 HTML 相册中要求显示每张照片的标题及备注等数据库信息，可以在创建相册前，使用（　　）设置数据库信息。

A．工具　　B．编辑　　C．属性　　D．新建

5．ACDSee10 的批量编辑功能类型不包括（　　）。

A．批量调整对比度 / 饱和度　　B．批量转换文件格式

C．批量旋转 / 翻转图像　　D．批量调整曝光度

6.2　多选题

1．ACDSee 所具有的主要功能有（　　）。

A．浏览图像　　B．编辑图像

C．播放音频、视频文件　　D．抓图

2．ACDSee 支持的文件与多媒体格式有（　　）。

A．TIFF　　B．JPEG　　C．BMP

D．GIF　　E．PCX

3．在 ACDSee 软件的“相片修复”面板中提供了（　　）功能。

A．修复　　B．模糊　　C．克隆　　D．羽化

4．ACDSee 提供了模糊的类型有（　　）。

A．高斯　　B．辐射　　C．线性

D．散布　　E．缩放

5．ACDSee10 编辑模式中可以调整数码照片的亮度级别的工具有（　　）。

A．对比度　　B．色阶　　C．曝光　　D．阴影 / 高光

6.3 判断题

1．利用工具栏中的“调整大小”，可将图像按照一定百分比或指定像素数压缩，能够产生一个新文件而不会损坏原始文件。 （ ）

2．只要按照一定的模板输入相应的文件名等，软件会根据这一命名规律将文件夹中所有文件按照统一格式命名、编号，有很高的实用价值。 （ ）

3．ACDSee 软件不具备文件格式转换的功能。 （ ）

4．ACDSee 具有快速查找和归类功能，在“寻找文件夹或文件夹名称”文本框内输入要查找的文件名后，ACDSee 会在数据库内检索到与图片相匹配的信息，并列出查找的图片，还可以按照种类进行风景、人物、相册和杂类等分类。 （ ）

5．ACDSee10 最多可以在计算机上同时运行 16 个不同的陈列室。 （ ）

6.4 制作题

1．自己动手制作电子数码相册。操作提示如下。

（1）使用 ACDSee 打开“我的文档”→“图片收藏”→“示例图片”目录下的图片。

（2）利用 ACDSee 批量调整图像大小的功能，统一图片的尺寸为（800×600）DPI。

（3）确定相册类型为“.exe”格式。

（4）为每一张图片添加不同的转场特技和变换效果，如“辐射状擦拭、淡出淡入”等。

（5）设定图片自动切换时间为 5s。

2．利用看图工具软件 ACDSee 完成如下操作。

（1）运行 ACDSee10 浏览“我的文档”→“图片收藏”→“示例图片”目录下的图片。

（2）选择菜单“创建”→“创建幻灯放映文件”命令，在打开窗口中选择要创建的 EXE 格式文件，然后添加要制作幻灯片的数码照片，接着设置好幻灯片的转场、标题及音乐等，制成独立的幻灯片。

模块 7　制作 DV

7.1　单选题

1．如果感到配音文件与视频画面在过渡处的配合有些生硬的话，则需要在两个视频文件过渡处添加（　　）。

A．视频过渡特效　　B．音频转场特效

C．视频转场特效　　D．音频过渡特效

2．下面关于 Premiere 软件说法不正确的是（　　）。

A．在进行视频编辑、节目预览、视频捕获以及节目输出等操作时，Premiere 可以在兼顾效果和播放速度的同时，实现更佳的影音效果

B．用户可以在 Premiere 软件的轨道中添加、移动、删除和编辑关键帧，对于控制高级的二维动画游刃有余

C．Premiere 提供了兼容于 Quicktime 系统和其他系统的第三方插件，使用这些插件可以实现视频（滤镜）效果和过渡效果

D．由于没有提供光盘刻录插件，Premiere 不可以制作出适合光驱播放的影片

3．在视频素材处理的前期，将收集起来的素材引入达到项目窗口的方法是（　　）。

A．File→New→Project　　B．Window→Timeline

C．New→DV-PAL　　D．Project→Effect

7.2　多选题

1．三点编辑要设置的关键点有（　　）。

A．时间线视频素材的编辑入点

B．时间线视频素材的编辑出点

C．第三个点是源素材视频剪辑的入点

D．第三个点是源素材视频剪辑的出点

2．下列关于 Premiere 快捷键的叙述正确的有（　　）。

A．G——录制　　B．S——停止

C．Esc——定点在第一个操作区　　D．Tab——定点在下一个操作区

3．Premiere 中，常用的剪辑工具有（　　）。

A．Timeline 窗口　　B．Clip 窗口

C．Preferences 窗口　　D．Monitor 窗口

7.3　判断题

1．在时间线监视器的控制面板上单击“预览“按钮，便可以在时间线监视器中的预览窗

口内观看已导入的视频内容。（ ）

2．在进行三点编辑前，首先要确定编辑的思路，事先选定要进行替换的视频素材。（ ）

3．对相连接的两个视频画面的配音文件之后添加一个视频转场特效，就能够很好地解决连接生硬，过渡不够圆滑的问题了。（ ）

4．对于快捷键的设定，可以在 Edit→Preferences→General 中完成。（ ）

5. Premiere 中的 Bin 相当于 Windows 中的文件夹的概念，而且也拥有文件夹的操作特性。（ ）

7.4 操作题

自行准备视频素材，编辑一段关于家庭的视频节目，并进行综合赏析。

要求：

（1）编辑的节目应有一个明确的主题，节目内容完整，播放流畅。

（2）画面美观，镜头切换自然。

（3）特技效果运用合理，能够在节目中应用多种媒体素材。

附录A 参考答案

第一部分 基础模块

第1章 计算机基础知识参考答案

1.1 单选题参考答案

1. A	2. D	3. C	4. C	5. B
6. C	7. B	8. B	9. D	10. C
11. A	12. D	13. C	14. C	15. B
16. C	17. B	18. D	19. C	20. B
21. C	22. A	23. C	24. A	25. A
26. D	27. D	28. C	29. A	30. B
31. C	32. B	33. B	34. A	35. D
36. B	37. C	38. B	39. D	40. B
41. B	42. A	43. C	44. D	45. D
46. D	47. D	48. B	49. A	50. C
51. C	52. A	53. D	54. B	55. A
56. A	57. C	58. A	59. C	60. C

1.2 多选题参考答案

1. AB	2. BD	3. BD	4. ABD	5. ABC
6. BD	7. BD	8. ABC	9. AD	10. ABD
11. CD	12. BD	13. BC	14. BC	15. ABD
16. AC	17. AB	18. AD	19. AC	20. BC
21. BC	22. AB	23. AB	24. AB	25. AB
26. AB	27. AC	28. AB	29. AD	30. BCD
31. AB	32. CD	33. AD	34. ABC	35. ABC
36. ABD	37. AB	38. ABC	39. AB	40. AB

1.3 判断题参考答案

1. √	2. ×	3. √	4. ×	5. ×
6. ×	7. √	8. ×	9. ×	10. ×
11. √	12. √	13. √	14. √	15. ×
16. √	17. √	18. √	19. √	20. ×
21. √	22. ×	23. √	24. √	25. ×
26. ×	27. ×	28. √	29. √	30. ×

续表

31. ×	32. √	33. √	34. ×	35. ×
36. ×	37. ×	38. ×	39. ×	40. √
41. ×	42. √	43. ×	44. ×	45. √
46. ×	47. √	48. ×	49. √	50. ×
51. ×	52. √	53. ×	54. ×	55. √
56. ×	57. ×	58. √	59. ×	60. √
61. √	62. ×	63. √	64. √	65. √
66. √	67. √	68. ×	69. √	70. √

第 2 章　Windows 7 操作系统参考答案

2.1　单选题参考答案

1. D	2. C	3. A	4. C	5. D
6. A	7. B	8. B	9. B	10. D
11. C	12. A	13. D	14. D	15. B
16. A	17. A	18. B	19. A	20. A
21. A	22. B	23. B	24. A	25. D
26. B	27. D	28. A	29. B	30. D
31. B	32. B	33. B	34. B	35. D
36. A	37. C	38. C	39. D	40. C
41. B	42. C	43. C	44. A	45. A
46. A	47. B	48. A	49. D	50. A
51. B	52. A	53. A	54. C	55. C

2.2　多选题参考答案

1. ABD	2. ABC	3. BCD	4. AC	5. AB
6. BC	7. ABD	8. ACD	9. ABC	10. AB
11. ABC	12. ABC	13. ABC	14. ACD	15. ABC
16. ABC	17. AD	18. ABC	19. ACD	20. ABD
21. BCD	22. AB	23. ABC	24. AB	25. ABD
26. ABC	27. BCD	28. ACD	29. ABC	30. AD
31. AB	32. AB	33. AD	34. BC	

2.3　判断题参考答案

1. ×	2. √	3. ×	4. √	5. ×
6. √	7. √	8. ×	9. √	10. √
11. ×	12. √	13. √	14. ×	15. √
16. √	17. √	18. ×	19. ×	20. ×
21. √	22. ×	23. ×	24. ×	25. √

续表

26. ×	27. ×	28. √	29. √	30. ×
31. √	32. √	33. ×	34. √	35. √
36. ×	37. ×	38. √	39. ×	40. √
41. ×	42. √	43. √	44. √	45. √

2.4　上机操作题参考答案

（略）

第 3 章　应用 Internet 参考答案

3.1　单选题参考答案

1. D	2. B	3. A	4. C	5. A
6. D	7. C	8. B	9. A	10. A
11. C	12. B	13. A	14. D	15. A
16. B	17. A	18. D	19. B	20. C
21. C	22. B	23. B	24. A	25. B
26. B	27. D	28. D	29. D	30. A
31. A	32. C	33. C	34. B	35. B
36. A	37. B	38. D	39. D	40. D
41. B	42. C	43. A	44. B	45. C

3.2　多选题参考答案

1. BD	2. ABCD	3. ABC	4. ABC	5. BD
6. ABCD	7. ABD	8. AB	9. ABC	10. ACD
11. ABD	12. ACD	13. CD	14. ABC	15. ABD

3.3　判断题参考答案

1. √	2. ×	3. √	4. √	5. ×
6. ×	7. ×	8. ×	9. √	10. ×
11. √	12. √	13. √	14. √	15. √
16. ×	17. ×	18. ×		

3.4　上机操作题参考答案

（略）

第 4 章　文字处理软件的应用（Word 2010）参考答案

4.1　单选题参考答案

1. D	2. B	3. C	4. C	5. C
6. B	7. D	8. A	9. C	10. C
11. C	12. A	13. B	14. D	15. B
16. C	17. B	18. B	19. C	20. D
21. D	22. B	23. B	24. B	25. C
26. B	27. C	28. D	29. C	30. C
31. D	32. D	33. D	34. B	35. C
36. B	37. D	38. A	39. B	40. B

4.2 多选题参考答案

1. AC	2. AD	3. BC	4. BCD	5. BD
6. ACD	7. AB	8. ACD	9. AB	10. ABC
11. ACD	12. ACD	13. AC	14. AD	15. AC

4.3 上机操作题参考答案

（略）

第5章 制作电子表格（Excel 2010）参考答案

5.1 单选题参考答案

1. B	2. C	3. D	4. C	5. B	6. B
7. C	8. B	9. B	10. B	11. C	12. C
13. A	14. B	15. A	16. C	17. C	18. B
19. B	20. B	21. D	22. B	23. D	24. D
25. A	26. B	27. A	28. B	29. C	30. B
31. A	32. A	33. C	34. B	35. B	36. D
37. C	38. D	39. B	40. C	41. C	42. C
43. C	44. A	45. B	46. B	47. D	48. C
49. D	50. B				

5.2 多选题参考答案

1. BC	2. AD	3. BD	4. AB	5. ABC	6. AD
7. CD	8. BCD	9. BC	10. AC	11. BCD	12. CD
13. ABC	14. ABC	15. AD	16. BC	17. ACD	

5.3 判断题参考答案

1. √	2. √	3. √	4. √	5. ×	6. ×
7. ×	8. ×	9. ×	10. √	11. √	12. √

5.4 上机操作题参考答案

（略）

第 6 章　多媒体软件应用参考答案

6.1　单选题参考答案

1. B	2. D	3. D	4. C	5. D
6. A	7. C	8. B	9. A	10. B
11. D	12. A	13. C	14. B	15. B

6.2　多选题参考答案

1. ABCD	2. ABD	3. ABCD	4. ABC	5. AC
6. BD	7. ABD	8. AC	9. BCD	10. ABCD

6.3　判断题参考答案

1. √	2. ×	3. ×	4. √	5. ×
6. ×	7. √	8. √	9. √	10. √
11. ×	12. √	13. √	14. ×	15. √

6.4　简答题参考答案

1．简述多媒体数据的特点。

答：多媒体数据的特点是数据量巨大、数据类型多、数据类型间区别大、多媒体数据的输入和输出复杂。

2．简述图形和图像的区别。

答：图形一般指用计算机绘制的画面，如直线、圆、圆弧、任意曲线和图表等；图像则是指由输入设备捕捉的实际场景画面或以数字化形式存储的任意画面。

图像都是由一些排成行列的像素组成的，一般数据量都较大。而图形文件中只记录生成图的算法和图上的某些特征点，也称矢量图。相对于位图的大数据量来说，它占用的存储空间较小。（解答时需从产生方法、组成、数据量等方面比较。）

3．什么是图像分辨率？

答：图像分辨率指图像中存储的信息量。这种分辨率有多种衡量方法，典型的是以每英寸的像素数 （PPI）来衡量。图像分辨率和图像尺寸的值一起决定文件的大小及输出质量，该值越大，图形文件所占用的磁盘空间也就越多。图像分辨率以比例关系影响着文件的大小，即文件大小与其图像分辨率的平方成正比。如果保持图像尺寸不变，将图像分辨率提高 1 倍，则其文件大小增大为原来的 4 倍。

4．什么是图像对比度？

答：对比度是指投影图像最亮和最暗区域之间的比率，比值越大，从黑到白的渐变层次就越多，从而色彩表现就越丰富。对比度对视觉效果的影响非常关键，一般来说，对比度越大，图像越清晰醒目，色彩也越鲜明艳丽；而对比度小，则会让整个画面都灰蒙蒙的。高对比度对于图像的清晰度、细节表现和灰度层次表现都有很大的帮助。对比度越高图像效果越好，色彩会更饱和；反之，对比度低，则画面会显得模糊，色彩也不鲜明。

6.5　上机操作题参考答案

（略）

第 7 章　制作演示文稿（PowerPoint 2010）参考答案

7.1　单选题参考答案

1. B	2. D	3. D	4. A	5. B
6. D	7. A	8. D	9. D	10. B
11. A	12. D	13. A	14. D	15. B
16. A	17. A	18. A	19. C	20. A
21. D	22. C	23. A	24. D	25. B
26. C	27. A	28. A	29. B	30. D
31. C	32. B	33. A	34. D	35. A
36. D	37. D	38. A	39. C	40. B
41. C	42. A	43. C	44. D	45. A
46. D	47. D	48. B	49. D	50. C

7.2　多选题参考答案

1. AB	2. ABC	3. BD	4. AB	5. BCD
6. ABD	7. BCD	8. ABD	9. ABC	10. ACD
11. AB	12. ABC	13. ABC	14. CD	15. ABC
16. ACD	17. ABC	18. CD	19. BCD	20. ABC

7.3　判断题参考答案

1. √	2. ×	3. ×	4. √	5. ×
6. √	7. ×	8. √	9. √	10. √
11. √	12. √	13. ×	14. √	15. √
16. ×	17. √	18. √	19. √	20. √
21. ×	22. √	23. ×	24. √	25. ×
26. √	27. √	28. √	29. ×	30. √

7.4　上机操作题参考答案

（略）

第二部分　职业模块

模块 2　组装个人计算机参考答案

2.1　单选题参考答案

1. A	2. D	3. D	4. B	5. A
6. B	7. D	8. C	9. B	10. D
11. B	12. C	13. B	14. A	15. C
16. A	17. B	18. D	19. C	20. A
21. B	22. B	23. D	24. C	25. C
26. C	27. C	28. D	29. B	30. A

2.2　多选题参考答案

1. ABCD	2. ABC	3. ABCD	4. AD	5. ACD
6. BCD	7. ABCD	8. ABCD	9. ABD	10. ABCD

2.3　判断题参考答案

1. ×	2. √	3. ×	4. √	5. √
6. √	7. √	8. √	9. ×	10. ×

2.4　模块 2 上机操作题参考答案

（略）

模块 3　组建网络系统参考答案

3.1　选择题参考答案

1. B	2. C	3. C	4. C	5. C
6. A	7. B	8. B	9. D	10. A
11. D	12. B	13. D	14. D	15. D
16. A	17. B	18. C	19. A	20. B
21. A	22. B	23. C	24. D	25. B
26. B	27. C	28. A	29. D	30. D

3.2　填空题参考答案

1．非屏蔽双绞线
2．相互干扰
3．EIA/TIA568A EIA/TIA568B
4．交叉线
5．直连线
6．T568B
7．绿白　绿　橙白　蓝　蓝白　橙　棕白　棕
8．橙白　橙　绿白　蓝　蓝白　绿　棕白　棕
9．Twisted　Pair
10．双绞线
11．减少辐射

12．非屏蔽双绞线

13．电磁辐射

14．185 m

15．500 m

16．DNS

17．192.168.3.0

18．4 个

19．TCP/IP 协议

20．NIC

21．255.255.255.0

22．域名

23．自动获取

24．ｉpconfig/all

25．TCP/IP

26．DNS

27．直连线　交叉线

28．19

29．树

30．光纤

3.3　问答题参考答案

1．答案：

（1）看包装箱质地和印刷。仔细查看线缆的箱体，包装是否完好，真品双绞线的包装为纸箱，从材料质地到文字印刷都应相当不错，纸板挺括、边缘清晰。而且许多厂家还在产品外包装上贴了防伪标志。

（2）看外皮颜色及标识。双绞线绝缘皮上应印有如厂商产地、执行标准、产品类别、线长标识之类的字样。

（3）看绞合密度。为了降低信号的干扰，双绞线电缆中的每一线对都以逆时针方向相互绞合而成，同一电缆中的不同线对也具有不同的绞合度。除线对的两条绝缘铜导线要按要求进行绞合外，电缆中的线对之间也要按逆时针方向进行绞合。如果发现电缆中所有线对的扭绕密度相同，或线对的扭绕密度不符合技术要求，或线对的扭绕方向不符合要求，均可判定为伪品。

（4）看导线颜色。剥开双绞线的外层胶皮后，可以看到里面由颜色不同的 4 对 8 根细线，依次为橙、绿、蓝、棕，每一对线中由一根色线和一根混色线组成。需要注意的是，这些颜色绝对不是后来用染料染上去的，而是使用相应的塑料制成的。没有颜色、颜色不清或染色的网线，肯定不是真线。

（5）看阻燃情况。为了避免因高温或起火而导致线缆的燃烧和损坏，双绞线最外面的一层包皮除应具有很好的抗拉特性外，还应具有阻燃性。正品网线的外皮会在焰火的烧烤之下，逐步被熔化变形，但外皮肯定不会自己燃烧。不阻燃的线肯定不是真品。

（6）在通常的情况下也可以通过手指触摸双绞线的外皮来做最初的判断。假线为节省成本，采用低劣的线材，手感发黏，有一定的停滞感，质量很差。真线为手感舒服，外皮光滑。

（7）用手捏一捏线体，手感应当饱满。线缆还应可以随意弯曲，以方便布线。考虑到网线在布线时经常需要弯曲，许多正规厂商在制作网线时都给外皮留有了一定的伸展性，以保证网线在弯曲时不受损伤。双手用力拉正规网线时，外皮都具有伸展性。品质良好的网线在设计时考虑到布线的方便性，尽量做到很柔韧，无论怎样弯曲都很方便，而且不容易被折断。为了使双绞线在移动中不至于断线，除外皮保护层外，内部的铜芯还要具有一定的韧性。铜芯既不能太软，也不能太硬，太软或太硬都表明铜的纯度不够，将严重影响网线的电气性能。

2．答案：

（1）无屏蔽外套，直径小，节省所占用的空间；

（2）重量轻，易弯曲，易安装；

（3）将串扰减至最小或加以消除；

（4）具有阻燃性；

（5）具有独立性和灵活性，适用于结构化综合布线。

3．答案：

（1）直通线用于连接：

① 主机和 switch / hub，交换机 / 集线器；

② router 和 switch / hub。

（2）交叉线用于连接（同种设备连接多数是交叉线）：

① switch 和 switch；

② 主机和主机；

③ hub 和 hub；

④ hub 和 switch；

⑤ 主机和 router 直连。

3.4　实训操作题参考答案

1．答案：

（1）操作流程。先抽出一小段线，然后把外皮剥除一段，将双绞线反向缠绕开；根据标准排线：注意这是非常重要的。铰齐线头，插入插头，用打线钳夹紧，使用测试仪测试。

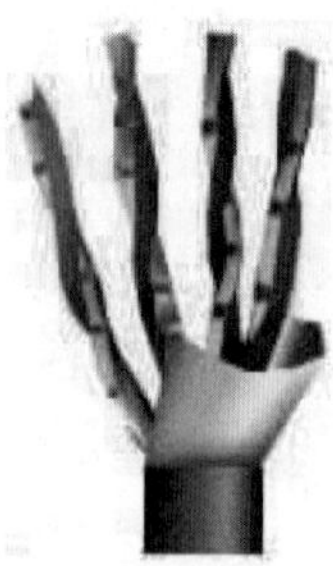

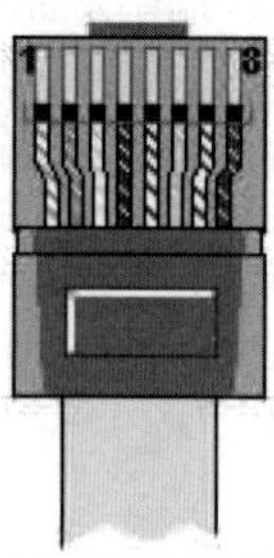

（2）接线标准。关于连接的标准有两个，如下图：

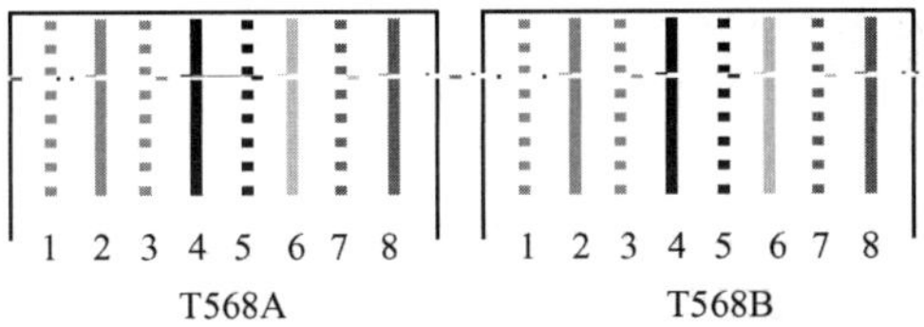

(3) 注意事项。

① T568A / T568B 二者没有本质的区别，只是颜色上的区别。

② 本质的问题是要保证：

- 1、2 线对是一个绕对；
- 3、6 线对是一个绕对；
- 4、5 线对是一个绕对；
- 7、8 线对是一个绕对。

③ 不要在电缆一端用 T568A，另一端用 T568B，T568A / T568B 的混用是跨接线的特殊接线方法，工程中使用比较多的是 T568B 打线方法。

2．答案：

(1) 通常使用的双绞线，不同生产商的产品标志可能不同，但一般包括以下一些信息：

- 双绞线类型；
- NEC / UL 防火测试和级别；
- CSA 防火测试；
- 长度标志；
- 生产日期；
- 双绞线的生产商和产品号码

(2) AVAYA-CSYSTEIMAX 1061C ＋ 4/24AWG CM VERIFIED UL CAT5E 31086FEE T09745.0METERS 包括的信息如下。

- AVAYA-CSYSTEMIMAX：是指该双绞线的生产商。
- 1061C＋：是指该双绞线的产品号。
- 4/24：说明这条双绞线是由 4 对 24AWG 电线的线对所构成的。铜电缆的直径通常用 AWG（American Wire Gauge）单位来衡量。AWG 数值越小，电线直径越大。通常使用的双绞线均是 24AWG。
- CM：指通信通用电缆，CM 是 NEC（美国国家电气规程）中防火耐烟等级中的一种。
- VERIFIED UL：说明双绞线满足 UL（Underwriters Laboratoriesinc，保险业者实验室）的标准要求。UL 成立于 1984 年，是一家非营利的独立组织，致力于产品的安全性测试和认证。
- CAT5E：指该双绞线通过 UL 测试，达到超 5 类标准。双绞线种类有 3 类、4 类、5 类、超 5 类、6 类、超 6 类等几种，甚至最近有人提出 7 类，对于这几种双绞线的技术指标，得到公认的只有从 3 类到超 5 类。目前市场上常用的双绞线是 5 类和超 5 类。5 类线主要是针对 100Mbps 网络提出的，该标准最为成熟，也是当今市场的主流。后来开发千兆位以太网时许多厂商把可以运行千兆位以太网的 5 类产品冠以“增强型”（Enhanced Cat5，简称 5E）推向市场。美国的 TIA / EIA568A-5 是 5E 标准。5E 也被人们称为“超 5 类”或“5 类增强型”。
- 31086FEET09745.0METERS：表示生产这条双绞线时的长度点。

模块 4　宣传手册制作参考答案

4.1　单选题参考答案

1. B	2. A	3. D	4. C	5. C

4.2　多选题参考答案

1. ABD	2. ABC	3. ACD	4. ABCD	5. ABCD

4.3　判断题参考答案

1. ×	2. √	3. ×	4. √	5. √

4.4　上机操作题参考答案

（略）

模块 5　统计报表制作参考答案

5.1　单选题参考答案

1. D	2. B	3. A	4. B	5. C
6. A	7. D	8. C	9. B	10. D
11. D	12. D	13. D	14. B	15. C

5.2　多选题参考答案

1. BCD	2. BCD	3. ABD	4. AD	5. ACD

5.3　判断题参考答案

1. ×	2. √	3. √	4. ×	5. ×
6. √	7. ×	8. √	9. √	10. √

5.4　上机操作题参考答案

1．

班级成绩表							
班级	学号	姓名	语文	数学	外语	物理	总分
3	301	吴晨	96	108	116	64	384
2	201	李东	99	94	102	67	362
2	202	何有	104	98	86	64	352
1	102	刘琛	100	85	100	64	349
1	101	关涛	81	74	112	42	309
平均分			96.00	91.80	103.20	60.20	351.20

2．略

模块 6　电子相册的制作参考答案

6.1　单选题参考答案

1. B	2. C	3. D	4. C	5. A

6.2　多选题参考答案

1. ABCD	2. ABCDE	3. AC	4. ABCDE	5. CD

6.3　判断题参考答案

1. √	2. √	3. ×	4. √	5. √

6.4　制作题参考答案

（略）

模块 7　制作 DV 参考答案

7.1　单选题参考答案

1. C	2. D	3. B

7.2　多选题参考答案

1. ABC	2. ABCD	3. ABD

7.3　判断题参考答案

1. √	2. √	3. ×	4. √	5 √

7.4　上机操作题参考答案

（略）